ちくま文庫

ひとの居場所をつくる

ランドスケープ・デザイナー 田瀬理夫さんの話をつうじて

西村佳哲

筑摩書房

まえがき　010

1　遠野　021

クイーンズメドゥ・カントリーハウスを歩く　024
ただの別荘ではなく　040
縁を切らずに　044
土地は借りればいい　046
山林の拓き方　050
基本は土地利用　051
ここにあるものでつくる　055
農業生産法人になる　058
土地は、いま生きている人たちが使うもの　059
所有を超えて使う　063
馬のポテンシャル　066
農業が景観をつくる　071

自分たちがクライアントになろう 078
馬とつくる生業 081
馬が先か、人が先か 085
前例をつくってしまうほうが早い 087
岩手県沿岸部の宝 092
宝の中で生きる 096
ビジョンに根拠は要らない 098
フリーハンドで考えるステージ 102
事業でなく、〝環境〟に投資する 105

2 東京 111

すごく、きれいな東京 114
意識のある仕事を 121
手間はかかるほどいい 125

時間を蓄積する空間 127
同じものが少なすぎる 134
その場所らしさを再生する 136
かかわり方を知らない 138
公共空間のあり方 144

これからの東京 147
東京は出先くらいのつもりで 152
他愛のないことの積み重ねが価値を持ってゆく 155

写真　津田直 161

3

田瀬理夫さんのあり方、働き方 177

変わってゆくこと自体が意味 178
知らなくても、伝えれば出来る 181

トップレベルの技術者と働く 183
わからない本を読む 185
会わないとわからない 189
ワークショップ・スタイルで 191
最初にやり方を提案する 193
前例を用意しておく 194
みんなの仕事を台無しにしない 196

注釈と付記 203

地上をゆく船　あとがきにかえて 239
ないものはつくる 240
一般教養としての建築・ランドスケープ 243

政治や経済だけが、人間の環境ではない 248
〝人と社会と自然〟の関係資本 255
地上をゆく船 259

参考文献等 267

謝辞 268

解説　寺尾紗穂 269

装丁・扉・目次・カラーページ　構成／デザイン　千原　航

ひとの居場所をつくる

ランドスケープ・デザイナー　田瀬理夫さんの話をつうじて

西村佳哲

まえがき

家族4人で、2年ほど前に旦那さんの実家に移り住んだ友人がいて、ある田舎町で仲良く暮らしている。きっかけは、2011年の東日本大震災。

先日訪ねたとき、彼女がこんな話を聞かせてくれた。

「この家は裏庭に柿の木があって、すごくたくさんの実をつける。うちの子どもたちは大好きで、もう柿食べ放題なのだけど、その木は自生していたわけじゃなくて、むかし彼のおじいちゃんが植えた。おじいちゃんは戦争に行って、シベリアに抑留されて、ここに戻ってからは近くの工場で働きながら、自分の田畑で農作物を育てて、石垣を積んだり畦を整えたり、あと家のまわりにいろんな木を植えていたみたい。それをいま子どもたちが食べている。

私は東京で育って、これまでは横のつながりを強く意識して生きてきたと思う。でもここで暮らして、初めて〝縦のつながり〟を感じるようになって。なんだか嬉しいんですよね（笑）」

日本はこれまで、たくさんの人間を乗せた大きな船（会社など）が船団を組んで航海しているような社会だった。でもその様相が変わり始めて、無数の小さな船が、互いの居所を伝え合いながら海を渡ってゆく、そんな時代をむかえていると思う。

その小さな船はこれまで分けられていた職能や産業区分をまたいでゆくし、国や文化のあいだも繋いでゆく。政治的な国交とは別に、小さな港を介して直接通じ合うような、小さくて具体的な交流はますます増えるだろう。

そして先の〝縦のつながり〟のように、時間や世代を越えてなにかをとどけてゆくこともあると思う。その「船」は、新しい生業や事業であり、器にあたる家や場所・土地も含まれる。

この国は経済成長期をすでに終えていて、先に民主化の進んだ国々もそうであったように、引きつづき人口は減り、仕事も少なくなる。

国力は衰え、暮らしは厳しさを増すだろう……といった指摘が頻繁に耳にとどくようになった。

仮にその通りになるとして、ではその国でどう生きてゆこうか。

これからの暮らしと仕事を、ただの個人のサバイバルや、我慢くらべのような消耗戦にはしないで、ちゃんと文化を生みだしてゆくものにするにはどうすればいいんだろう？

そんなことを考えるようになった頃、田瀬理夫さんに出会った。

田瀬さんはランドスケープ・デザイナーだ。

1949年・東京生まれ。事務所を開いて20年目の頃に手がけた「アクロス福岡」が、代表的な仕事の一つ。その不思議な緑地の姿は、どこかで見たことがある人もいるのではないかと思う。

都市公園整備を兼ねたビル開発として進められたこのプロジェクトで、彼は横幅約100m・高さ60m、14階分の雛壇状のビル緑化を行い、天神のまちなかに山をつくった。

「山」という大袈裟な表現をしてもあまり違和感のない理由の一つは、たとえばこの緑地が竣工してから十数年間、一度も撒水システムを動かしていないという逸話にある。つまりこの緑はそこに降った雨水だ

田瀬理夫（たせ・みちお）
1949年東京生まれ。73年、千葉大学園芸学部造園学科卒業。73〜77年㈱富士植木勤務。77年にワークショップ・プランタゴを開設。本人の自称は造園家。

ランドスケープ・デザイナー
土や木や水を素材に、公園・広場・街路などの屋外空間を設計する。

アクロス福岡
天神の公民複合施設。ホール等の文化施設とオフィスが同居している。1995年竣工。

けで維持されているし、あらかじめそう設計してあるのだという。

当初植えられていた76種・３万７０００本の苗木は、毎年の植樹や鳥が運んできた種子による実生《みしょう》を加えて、10年後の２００６年には１２０種・５万本ほどに。いまはさらに多様性を増していることだろう。


大学のキャンパスや地方の文化施設など、規模の大きな緑地と同時に、彼は個人邸の庭などの小さな緑地づくりも手がけている。「現場に行くと、首にタオルを巻いて、職人さんたちと一緒に苗を植えたり土を運んでいるんですよね（笑）」という周囲の楽しげな声も聞いた。そういう動き方が性分のようだ。

あとから知ったのだが、「旧イデー青山本店」のオープン当時の外構緑化も彼が手がけている。道路にあらかじめ植わっていた街路樹とフラワーショップの緑がよく馴染んでいて、人々の行き交う前面歩道が庭先を抜ける小径のようだったあの一角が、僕は大好きだった。

岡本太郎邸に面する壁を覆っていた蔓の茂り具合や、その中で咲いていた橙色の花のほころびも素晴らしく、買い物や打合せで訪れる度にしげしげと見上げていた。

旧イデー青山本店
骨董通りに近い一角で１９９５年から10年間営業。契約満了に伴い閉店。さまざまなプロジェクトと関係を生んだ。

田瀬さんは「地方の風景をなんとかしたかったら、その地域の農業のあり方を見直す必要がある」ときかせてくれた。

田園の景観には、農家の人々の働き方や暮らしぶりがあらわれている。兼業農家が多ければそういう風景になるし、専業農家の多い地域にはその関与の内実がそのままあらわれるんですよと。

それは都市部のまち並みにおいてもまったく同じ話で、人々の暮らしぶりがまちの景観にあらわれている。

私たちが毎日くり返している、ごく他愛のないことの積み重ねが文化であり、景観をも形づくる。

その累積を可能にするのが自分の仕事だと思っているし、そのための試みを自分たちなりにつづけているんです、ときかせてくれた。

「文化」は多義的な言葉だ。

田瀬さんが口にしたそれは、生活に余裕のある人々やパトロネージュによって支えられる学問、文学、美術、音楽などのハイカルチャーを指してはいないと思う。

僕自身は、人間らしく生きてゆくための創意や工夫として、その言葉を認識している。

誰かに言われるままに働いたり生きていたり、自分で考えることの出来ない精神状態には陥らずに、心と頭と身体をちゃんと動かしながら、日々の暮らしや仕事を少しでも良くしようとしてゆくことが〝文化的〟な営みだと思っている。

で、それをいま働き盛りの年代に限った話ではなく、子どもたちや二代三代あとの人々に繋がるものにしてゆけたらなお素晴らしいなと思っていて、柿の木をめぐる友人の気づきをききながら、自分まで嬉しくなってしまったのだろう。

この本を書くにあたって抱いている問いを一言にすると、「これからの日本でどう生きてゆこうか？」というものになる。

人の紹介で初めてお会いして、お話をきいたり一緒に過ごす機会を幾度か得ながら、僕にとって田瀬さんの存在は、その問いの手元を照らす大切な灯りの一つになった。

「日本に執着しないほうがいい。むしろしばらく離れているほうが低リスクだ」という考え方もあるかもしれないが、リスクはつまるところ程度問題なので、真面目に考え始めるとキリがない。

国のあり方についても同じく。それは私たちの人生に強く影響するけれど、国と個々人のありようを重ね過ぎる必要はないと思う。会社とそこで働く個人について、同じことが言えるように。

あるランドスケープ・デザイナーの経験と言葉を介して、読み手がそれぞれの暮らしや場づくり、めいめいの「船」やその可能性について考えられる空間を本の形でつくってみたい。

第1章では、田瀬さんが取り組んできた遠野の試みをめぐって。

第2章では彼が生まれ育った東京のことを通じて、日本じゅうに同じく存在する都市的な課題の共有を。

第3章では彼の働き方に触れ、付記事項を経たのち、自分の考えも書いてみようと思う。

では、遠野から。

さまざまな緑地設計に携わってきた田瀬さんは、一連のクライアントワークとは別に十数年前から、岩手県の山里に仲間たちと「クイーンズメドゥ・カントリーハウス」という滞在拠点をつくり、馬を軸にした営みの実践的な実験を重ねている。

1

遠野

クイーンズメドゥ・カントリーハウスを歩く

新幹線で岩手県に向かい、新花巻で乗り換えて遠野駅へ。駅から車で10㎞ほど北に上がると附馬牛《つきもうし》という集落があり、沢沿いの道に入って少し谷中を進むと小さな神社の参道がある。

鳥居をくぐってもう少し登ると、右手の木立の中に「QUEEN'S MEADOW COUNTRY HOUSE」と書かれた黒い看板があらわれる。クリやコナラの樹間を抜けて進むと、小さなパドックと、馬房を抱えた建物が姿を見せる。

僕が最初にクイーンズメドゥを訪れた日、そこには2頭の馬がいて、突然あらわれた人間を並んで見つめていた。

柵に寄ると鼻を近づけに来てくれた。チロル原産のハフリンガーという馬種で、栗色の毛並みと長いたてがみが特徴的だ。存在感が柔らかく、とても可愛い。

彼らはクイーンズメドゥが始まって6年目の2006年に、オーストリアから来たそうだ。3頭だったが、あらかじめ子どもを孕《はら》んでい

遠野
柳田國男の『遠野物語』で有名な町。岩手県内陸部と沿岸部の中間に位置する盆地。

たので実際には6頭。寒冷地に強く、乗馬から農耕作業まで人間の暮らしに幅広く寄り添える馬だときく。

なぜ遠野で、なぜ馬なのか？　という話は、追って田瀬さんたちの言葉を。まずはクイーンズメドゥ・カントリーハウスの中をぐるっと歩いてみたい。

手前の水場には数年前に掘られた井戸の水が引かれている。以前は沢水を引いていたので、雨が降るとすぐ濁るしフィルターは詰まるし、沢自体が凍結してしまう年もあって本当に大変だったそうだ。

パドックに面した建物は新館と呼ばれている。1階に馬房とゲストルームがあり、2階には田瀬さんたちが滞在時に使う居室がある。馬房とゲストルームの間のピロティには馬や車も通り抜け出来る幅と高さがある。右手に小さな管理室があって、滞在中のメンバーがデスクワークをしているとその姿が見える。

メンバーとは、後述する農業生産法人を構成する、東京と遠野の人が混在した数名の仲間たちのこと。

宿泊用のゲストルームが数室あるものの、本格的に宿泊業を営んで

水場横の小屋の草屋根は、防水シートを張った上にまわりの土を入れた麻袋を積んだだけの、ごく簡単な工法。

いるふうでもない。現時点では、メンバーとつながりのある人が小グループで訪れて、学習的な滞在をしてゆくことが多いようだ。

この新館は住宅設計の名手・永田《ながた》昌民《まさひと》さんによるもので、外壁は下目板を押し縁でおさえた簡単な仕様。内装もきわめて簡素で何気ないつくりだけれど、中にいると部屋のボリューム感や開口部のバランスがとても心地良い。

いい建築のプランには、そこで過ごす人を穏やかにする作用があると思う。

ピロティを抜けると、斜面にポンと置かれた平屋づくりの本館がある。最初に建てられたのはこの棟で、まわりに田瀬さんたちが植えてきた木々が育っている。

「ランドスケープ・デザイナーが手がけている場所」ときくと、彩り豊かなガーデニングを想像する人がいるかもしれないが、ここの植栽はとてもつつましい。本人は「造園的なことはほとんど意識していない」と話していた。「そのほうが馴染むでしょう?」と。そういうことのほうを大事にしているようだ。


文庫版出版の2020年2月の時点では、以前より宿泊可能な期間が増えている。

新館のゲストルーム。最大16名ほどのグループが滞在可能。

本館の内部は段状の2フロアーで構成されている。下側は土間。土足のまま出入り出来る三和土《たたき》になっていて、奥に暖炉があり、最大12名が一緒に着席できる長いテーブルがある。雰囲気はF・L・ライトのタリアセン・ウェストを彷彿《ほうふつ》とさせる。

60㎝ほど上の高いフロアーに上がると、キッチンと小振りのダイニングを持つリビングがあり、周囲に三つのゲストルームへの扉がある。

僕はここにある西側のソファーが好きだ。

本館は緩やかな斜面の一部を削ったところに、地形に沿って建てられていて、その斜面が途切れず屋内にも連続している。「住宅では床のレベルの取り方がすべてを決める」と田瀬さんは話していた。「そこから外がどう見えるかが大事なんです」と。

先のソファーに腰を下ろすと、山の上のほうへつづくなだらかな斜面が見えて、その地形の中に、ポッと人間の居場所が出来ていることを感じる。変な表現だが地面の湯船に胸まで浸かっているような感じ。ランドスケープ・デザインは、この世界に人間の居場所をつくる仕事でもあるのだなと思う。

タリアセン・ウェスト
Taliesin West
米国の建築家フランク・ロイド・ライトがフェニックス郊外に建てた冬のスタジオ。私的な建築学校でもあり、多くの弟子を育てた。

本館から斜面を西へ降りてゆくと、何枚かの棚田に出る。手前の2枚は最初に購入した土地に付いていた水田。彼らはここで米づくりをしている。

馬を引いて歩きながら、コナラの木立を南へ。

このあたりの山林は田瀬さんたちの所有地ではない。法務局で公図を見るとおそらく無数の個人が入り組んで所有しているはずだ。が、地形も植生も小川の流れも踏み分け道も、人の所有の線引きをまたいで自然に繋がっている。

この国ではなぜ、平野部はまだしも、山林まで個人が所有するようになったのだろう。海も空も川も、本来個人が所有するようなものではないと思うのだけど。

10分ほど歩いてゆくと、明るい草地に出た。そう遠くない距離に何軒か農家の集まった人里が見える。

この草地は勾配が緩いので家や畑も建てやすく、馬と暮らすときにも馬場を確保しやすそうだ。草原を渡る風波が美しい。その中を横断してふたたび山林へ。

すると今度は、拓かれてまだ間もない場所に出た。大量の赤松が伐

り倒されたまま転がっている。冬の新月の日に伐採し、野ざらしで乾燥させているところ。この木々を建材にして、クイーンズメドゥの新しい施設を建ててゆくつもりだという。

前を歩きつつポツポツと語る田瀬さんの話をききながら、彼らが十数年の時間をかけて、考え、行動してきた足取りの堅牢さに感じ入るものがあった。

目標に向かって最短距離を歩いてきたという印象はない。その都度微修正を重ねてきた様子で、直線的にここに至っているわけでは決してないだろう。

驚きをおぼえるのは、その足が立ち止まることなく確実に動きつづけてきた様子が伝わってくるから。こうした場づくりでは、メンバーの個々の事情やライフステージの変化に応じてかかわり方の度合いが変わり、仕方なく頓挫したり、エネルギーの投入が次第に減ってプロジェクトが失速してしまうようなことも生じておかしくないと思うけれど、ここの来歴を語る田瀬さんの言葉にその影は感じられない。

一つには、任意の個人の集まりでなく法人格という形をとっていることも大きいのかも。田瀬さんをはじめクイーンズメドゥのメンバーは、ここを始めて8年目の2008年から、「ノース」という農業生産法人株式会社の形をとっている。

あるいは、この場所を人間だけでなく「馬」とともに営んできたことも大きいのかも。人の思惑や事情とは無関係に生きている生き物がいて、日々待ったなしの事態を引き起こしてきたことが。同じく、年周期の中でくり返される畑や田んぼの仕事も、彼らを駆動してきた大切なエンジンなのかも。

時間をかけて土地にかかわってゆくとき、個人の事情に拘泥せずに済むリズムや軸があるのは大切なことかもしれない。

赤松の伐採林を抜けると、沢水を貯めた小さな池があった。田んぼに直接流すには水温が低いので、平らな場所に浅い水路をつくって分岐し、太陽熱で温めている。その流れの中でクレソンが栽培されていた。

本館に戻って今度は斜面を上のほうへ。数枚の田畑が広がっている。ここは借りて使っているそうだ。無農薬の米づくりを行うので、害虫の天敵となる虫、たとえば蜘蛛などの生きものが多く棲めるように畦

農業生産法人（現「農地所有適格法人」）
2009年の農地法改正で一般法人が農地の賃借を行えるようになった。さらに所有（売買）する場合、農業生産法人の法人格が必要になる。

沢水を温める浅い水路。下に棚田がつづく。

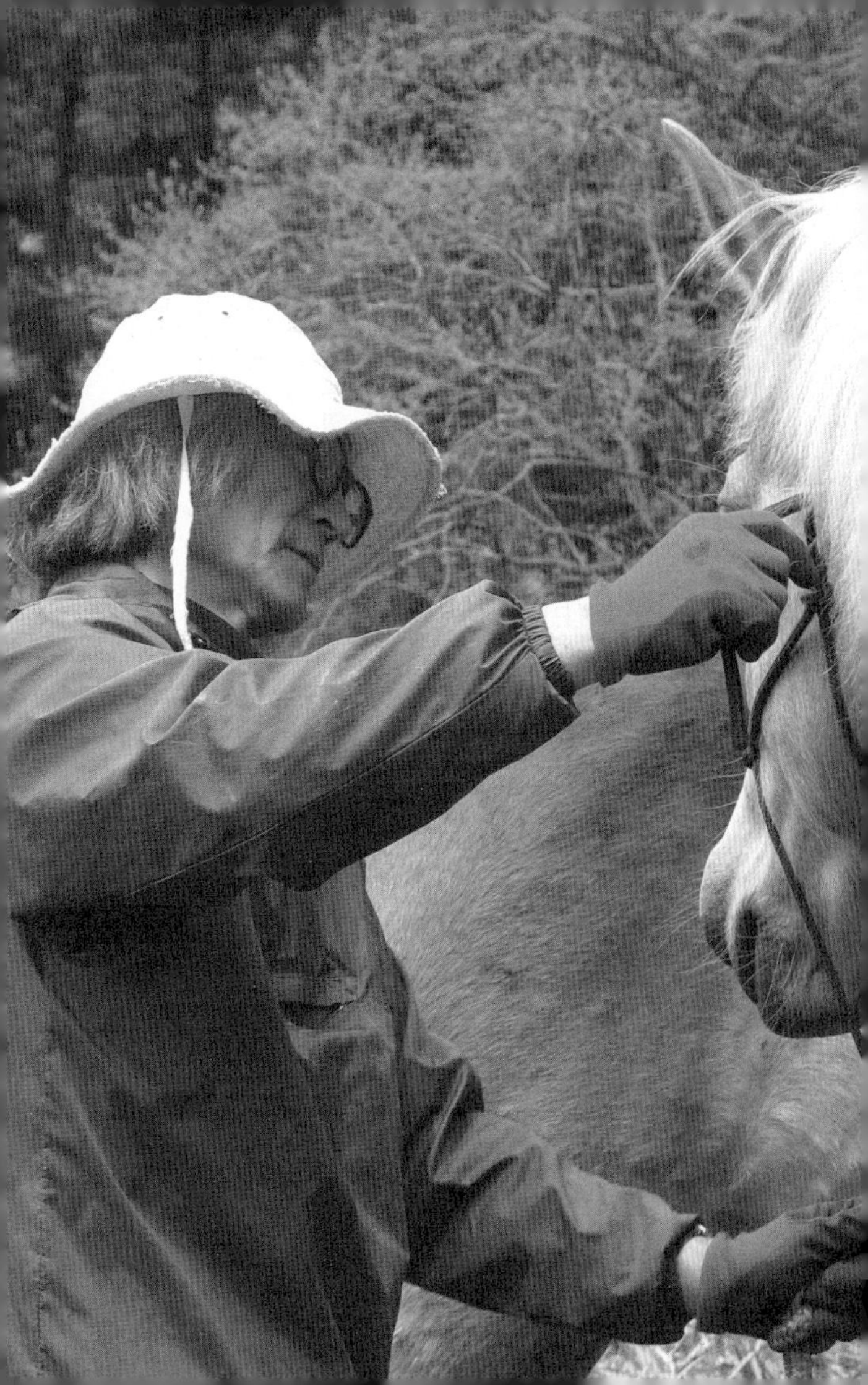

の幅は少し広げさせてもらったという。

　さらに少し上ると井戸があった。

　ここを掘った理由は敷地の中でいちばん標高が高かったから。まず油圧ショベルを動かして露天掘りで数メートル掘ってみたところ、岩が細かく砕けている層が出てきた。「ここは駄目かな」と思いながらその日は作業を終えて、翌朝来てみると少し水が溜まっていた。そこでさらに少し掘り進めると水が流れている層に当たり、以来クイーンズメドゥの水はすべてこの井戸で賄《まかな》われているという。

　人が生きてゆく上で、水は欠かすことの出来ない資源だ。その質の良し悪しはそのまま暮らしの質に結びつく。井戸の話をしているときの田瀬さんは見るからに上機嫌で、地下水を掘り当てたときの嬉しさはいかほどのものだったかと思う。

　田んぼに戻って斜面のいちばん高いところに登ると、現時点のクイーンズメドゥの施設群の、ほぼ全容を見下ろすことが出来た。

　奥のほうに最初に見たパドックがあり、新館があり、手前に本館が

露天掘り
地面をすり鉢状（螺旋状）に掘り下げてゆく、原始的な鑿《さく》井《せい》手法。

QMCHの上水は井戸水。

ある。煙突から暖炉の煙が昇っている。

田畑のほとりに農作業小屋が見える。水場の小屋と同じく草屋根にするようで、防水シートをかけたところで作業がいったん止まっている。十数年前に本館の建設工事を担当した地元の工務店の林崎俊勝《はやしざきとしかつ》さんがその後もメンバーとしてクイーンズメドゥにかかわりつづけていて、彼ともう一人の大工さんを軸に、建物はセルフビルドでつくる体制が組まれている。

目線を南に移すと斜面を軽く削った一角が見えた。追って堆肥場をつくるそうだ。

奥には広葉樹の木立。その木々の間を、2頭の雄馬が駆けている。日が暮れてきてあたりが涼しくなる。腰の鈴を鳴らし、熊に気をつけながら本館へ。西の稜線に明星が見える。

ただの別荘ではなく

田瀬　夏場の6月から10月の間、雌馬は高原で放牧するんです。車で30分くらい川を遡ったところに荒川高原牧場という場所があってね。

荒川高原牧場
早池峰山から東南へ延びる稜線に広がる、遠野市最大級の牧場。伝統的な放牧が行われており、2008年に国の重要文化的景観に選定された。

日本とは思えない風景ですよ。標高900mくらいの準平原で、起伏の少ない山頂部がどこまでもつづいている。ときどき馬の様子を見に上がるけど、とても広いので、すぐに見つけられないことがある。

2頭の雄馬は夏場もこっちにいます。南側の林に放牧している。震災後にヨットの帆を張って、雨除けをつくりました。

航空写真で見るとこのあたりがクイーンズメドゥ。荒川駒形神社のあるこのエリアを「駒形クラスター」と呼んでいます。南へ4㎞ほど行ったところに「遠野ふるさと村」があり、あと中央競馬会の「馬の里」がある。

馬付き住宅を展開してゆけるクラスターが、一応三つくらいある。

このあたりの、分水嶺までのおよそ1700haを対象に、僕らは「住宅100棟・馬1000頭」プロジェクトの展開を考えているんです。最初の頃は「50棟・100頭」で構想していたけれど、最近1000頭に格上げした。これからの地方の農的な暮らしを支える基軸の一つは〝馬〟だろう、と思っていて。

実際に開発するのは、林道よりも下の標高350～400ｍくらいのエリア。田んぼが50ha以上あって、馬が100頭いればそれをすべて有機化できる。

薬を使う農業に比べたら面積あたりの収穫量は少ないけれど、いい米が採れます。「稲（米）は水でつくって、麦は肥料でつくれ」と言う。麦や野菜には堆肥をたくさん入れたほうがいいんです。水田に堆肥を入れすぎると窒素が増えてしまう。米づくりはそれよりも草取りが大事。するとしないとではまったく収量が違いますね。あとはきれいな水をどんどん流す。

生態系（自然）の力を活かしながら、糧《かて》として人が必要な収量を得てゆくには、せめぎ合うものがありますよね。でもそれは、人生のデザインそのものという気がする。

最初に土地を取得したとき、接道していたのはこの敷地の中の標高の低い部分だけでした。

でもそこに拠点を建てても、なかなか上のほうまで使えない。つまり将来の展開の可能性がない。作業道で登ることは出来たけれど、急なので工事車両も上げられない。

有機化（有機農業）
化学肥料や農薬を用いず代わりに堆肥などを使う、日本では農業基本法（1961年）以前の伝統的農法。オーガニック農法とも呼ばれる。

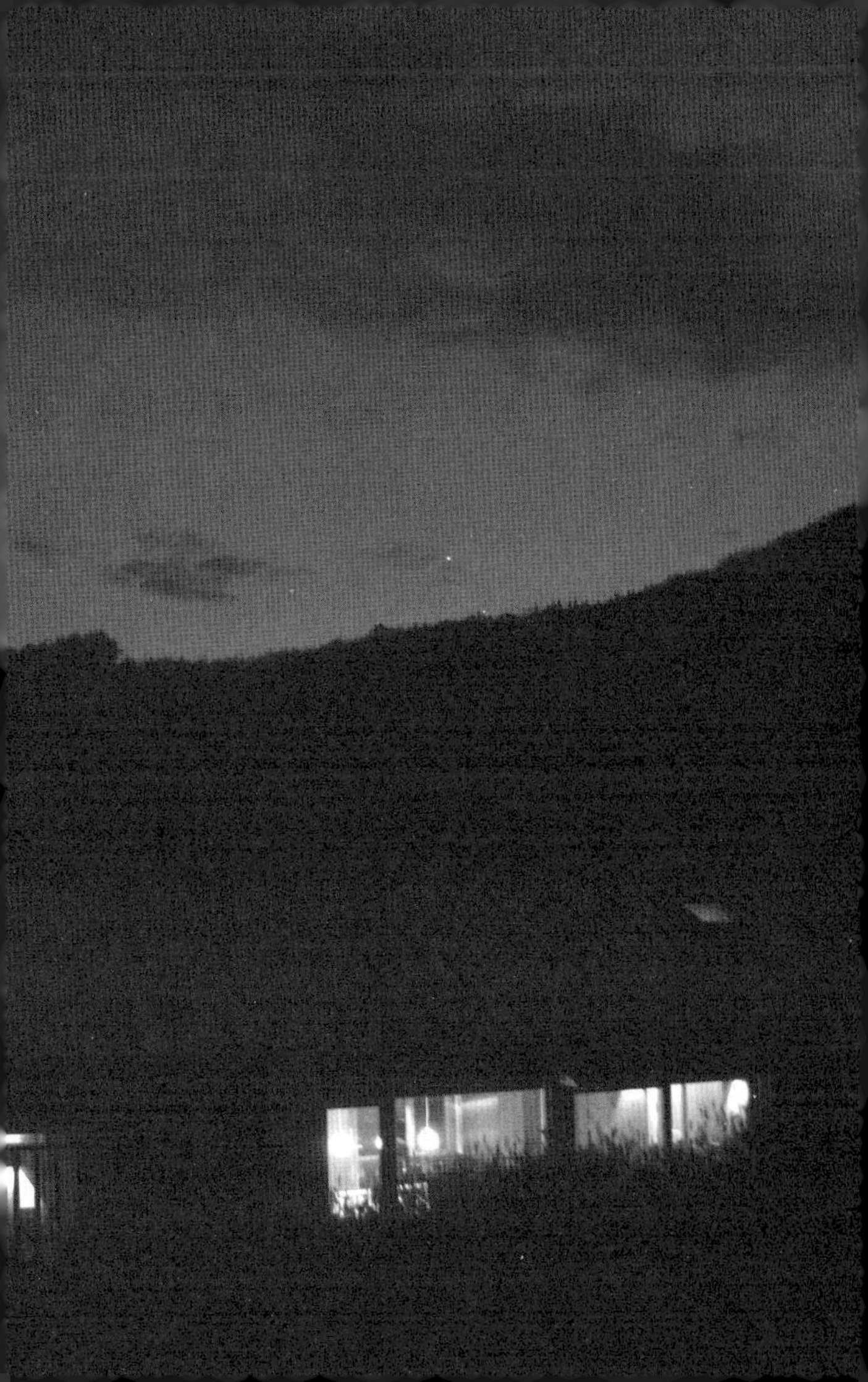

「いくら馬を飼おうが、ここ（下側）ではただの別荘で終わってしまう」「上に登らなくちゃ駄目だ」とみんなに言って、接道条件はなかったけれど一段上の土地に入っていったんです。

緑を切らずに

田瀬さんはこの場づくりを一人でやっているわけじゃない。東京に事業計画や経営のコンサルテーションを主業務とするアネックスという会社があり、今井隆《いまいたかし》さんという代表がいる。田瀬さんと彼は以前から複数の開発プロジェクトをともにしており、ある流れの中で遠野のこの協働が本格化した。

田瀬さんは中心メンバーとして土地選びから施設計画まで深くかかわり、8年後に農業生産法人の登記を行った際にはその代表取締役を担って、以降さらに力と時間を注いでいる。

もちろん彼らが二人でやっているわけではなくて、アネックスの他のメンバーや周辺の人々も継続的にかかわっている。

その一人が宮田生美《みやたふみ》さん。彼女は「5×緑」という緑化事業会社の

5×緑（ゴバイミドリ）
里山の植生保全活動とリンクした都市緑化を進めている。金網に側面植栽を用いたシステムが特徴。

代表をつとめている。その緑化システムは田瀬さんが開発してきたもので、仕事も長くともにしてきた。クイーンズメドゥをめぐる人物相関はいくつかの組織の垣根をまたいで、なかば拡大家族的に結ばれている。

宮田さんは働き始めて間もない頃、ある仕事で遠野に通っていた。

宮田　遠野の民家は「南部曲り家《まがや》」と呼ばれていて、人の住む母屋と馬屋がL字型に繋がっています。

でもどんどん姿を消していた。保存するだけでは朽ちてゆくので、一ヶ所に集めて観光施設にしようという話になり、その施設の運営計画の相談をアネックスが受けていたんです。

私は新米社員だったけれど、92年から6年ほど遠野に通いました。渓流釣りとかキノコ採りとか団子づくりとか、いろいろな名人のお爺ちゃんお婆ちゃんがいて。彼らを何度も訪ねていろんな話をきかせてもらい、役所や地域の人たちとも交流を重ねているうちに、遠野が本当に好きになって。

ただ施設が完成すると、もう私たちの仕事はありません。普通なら

南部曲り家
盛岡市周辺や遠野盆地に多く見られた、母屋と馬屋が一体となったL字型の住宅。

そこでバイバイしてしまう。けれどそのプロジェクトで環境アセスメントを担当していた別会社の仲間が、奥さんを連れて移住してしまったんですね。

「縁を切らずにつづけてゆきたい」「彼らも移ったし」と。自分たちの拠点になるような施設を残してゆけないか、という気持ちが強くなって。市の協力もいただきながら何ヶ所か土地を見て、この敷地を選んで、まずは本館を建てたんです。

土地は借りればいい

宮田　最初に掲げられたテーマは〝馬と水〟でした。〝馬〟は遠野の文化の象徴で、そこに集約される生活の知恵を取り戻してゆきたいと。あと、人にとって掛け替えのない自然は〝水〟ですよね。

隣接する荒川駒形神社は、馬の神社なんです。例大祭には遠野じゅうの馬が列を成して集まってきていた。しかも早池峰神社から分水された湧き水があったみたいで、まさに〝馬と水〟の場所でした。

で、母屋の計画をつくりに来た田瀬さんが敷地を見て、「上のレベ

1955年頃の写真。岩手日報2008年11月22日の記事より（原出典不明）。

1997〜98年頃。（上）

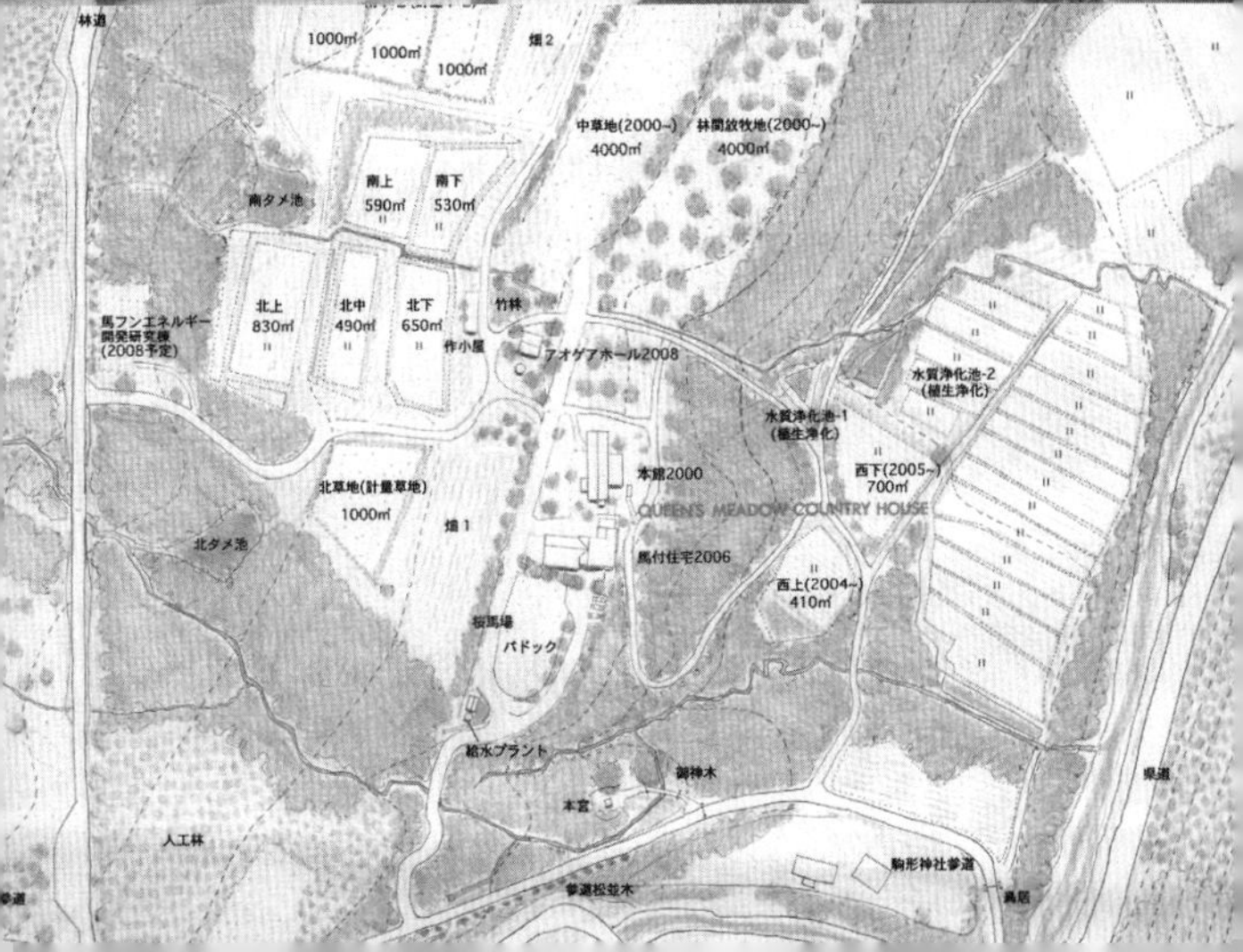
林道
1000㎡
1000㎡
1000㎡
畑2
中草地(2000~)
4000㎡
林間放牧地(2000~)
4000㎡
南タメ池
南上
590㎡
南下
530㎡
北上
830㎡
北中
490㎡
北下
650㎡
竹林
馬フンエネルギー
開発研究棟
(2008予定)
作小屋
アオゲアホール2008
水質浄化池-2
(植生浄化)
水質浄化池-1
(植生浄化)
本館2000
西下(2005~)
700㎡
北草地(計量草地)
1000㎡
畑1
QUEEN'S MEADOW COUNTRY HOUSE
北タメ池
馬付住宅2006
西上(2004~)
410㎡
桜馬場
パドック
給水プラント
御神木
県道
本宮
人工林
駒形神社参道
参道
参道松並木
鳥居

ルに登らなくちゃ駄目だ」「僕らが建てるのはこの土地のこっちの場所だよ」と、もう一段上がった草地に立って言った。

そこは購入した土地の一部でしたが、接道していないし、考えてもみなかった。私たちには目から鱗で、言われて初めて「確かにここなら最高だよね」と気がついた。

でも他人の土地で囲まれているのでアプローチがつくれない。田瀬さんにそう言ったら、「借りればいいじゃない」「所有権なんて関係ないよ」と言う。

進入路をつくれそうな場所の見当をつけて、調べたらその土地は神社が持っていて。言われるがまま相談したら、無事貸してもらえて、いまこうなっているのですが。

田瀬　「貸さない」なんて言いっこないよね。むしろ「使ってくれ」っていう感じでしょう。田舎の山奥で「俺の土地使うな」なんて、言ったところでしょうもない。

このレベルに上がると、斜面の上も下も両方同時に使えるような場所が、同じくらいの標高で南のほうまで繋がっているんです。

1999年。幅10m・長さ60mほどの土地を借りアプローチを付けることで、周囲の環境を全体的に使えるようになった。

1999年。（上）林の中に打った杭を目印に測量し作図された、アプローチの設計図。50頁本文参照のこと。（下）

杭
杭

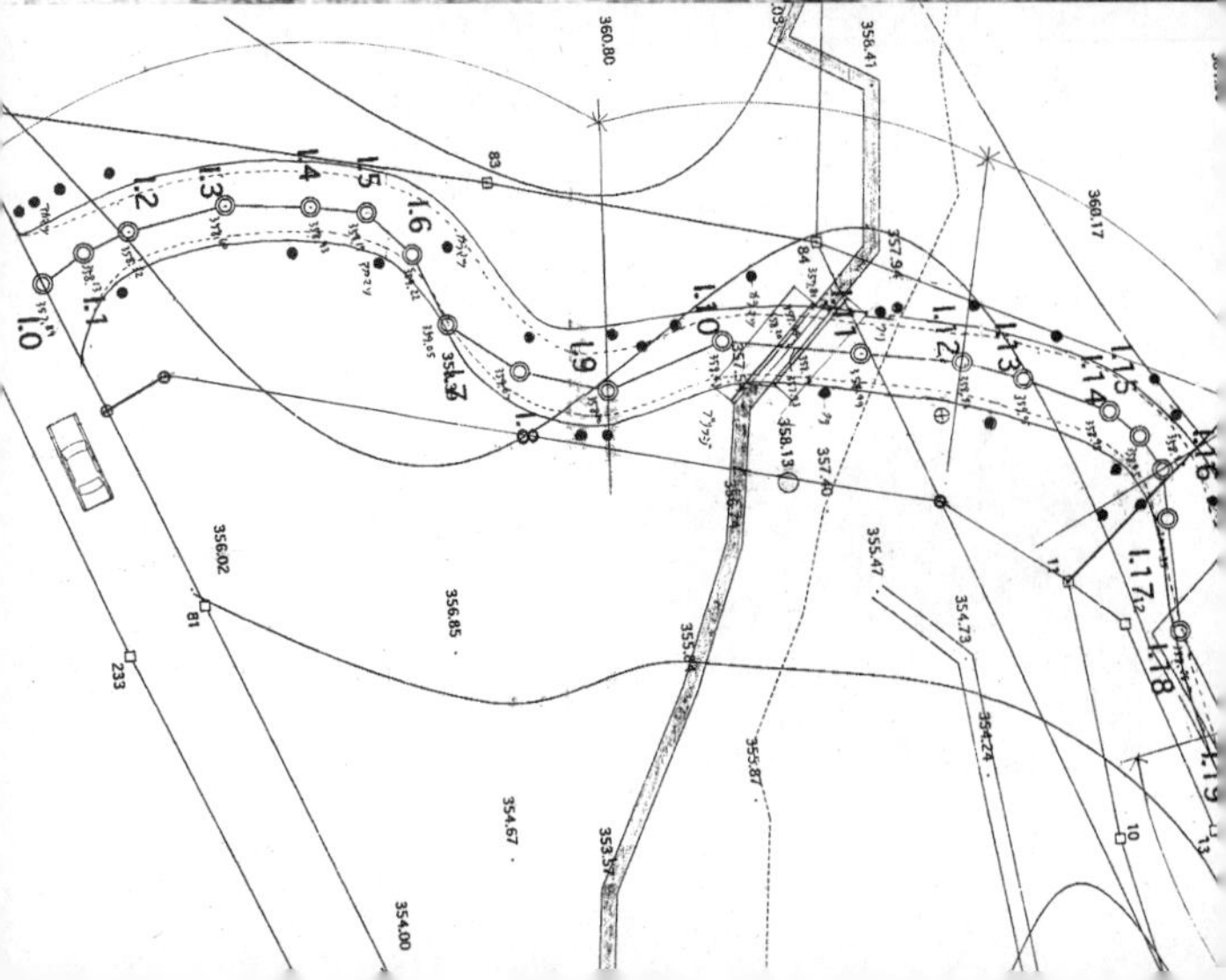
360.80
356.41
360.17
357.94
358.13
357.40
355.47
354.73
354.24
353.87
356.02
356.85
354.67
354.00
353.57
233
81
83
84
10

山林の拓き方

──設計や開発はどう進めましたか?

田瀬　土を大きく動かすような土木工事だけ業者さんにお願いして。あとは基本的に自主建設。測量も広い面積を頼むとすごくお金がかかるので、まず最初に粗い施設レイアウトをつくって測量範囲を決めて、それから土地に図面を描くように直接目印の杭を打ってゆく。

そこまでやってから、必要な部分だけ測量を頼むんです。「高低差と断面も取れるように」と伝えておくと断面詳細も出来る。残す木と刈る木に印を付けておいて、その位置も併せて測量してもらっておく。

そして上がってきた図面に建築なり造成の土木的な線を入れてゆけば、ほとんどそのまま設計になる。お金もかからない。そんなつくり方をしています。

つづいて造成を始めます。まず最初にメインの排水管を通しました。300㎜径。建物の中で使われた水は浄化槽を経て、下につくった水

1999年。草原に立っている人の身体を物差しに、「ここがリビングですか?」とレベルの確認をしている。

質浄化池に入る。池は二段構えで、植物や微生物に浄化を手伝ってもらい、沢に水を戻してゆきます。

池の畔は休耕田に生えている柳を刈って、挿し木で緑化しました。そのままブスッと挿すだけだけど、成長が早いのですぐに日陰が出来る。カンカン照りだと1種類の植物がワーッと茂ってしまうけど、日陰があると多様な植物が生えやすくなるんですよ。

上水は沢水を取るところから始めて、まずは水源を確かめに行きました。このあたりは花崗岩の山で、ずっと遡ってゆくと神社などの石を切り出したと思われる場所があってそこから湧いて出ていた。汚染源が上流にないことを確かめて取水を始めました。

いまは上水は井戸の水に切り替えています。クイーンズメドゥの井戸水は、もしペットボトルに詰めて100円で売ったら年7億円相当の湧出量（笑）。そんなことしませんけどね。

花崗岩の山
きわめて緩慢な天然濾過が進み、ミネラルを多く含むおいしい水をつくる。

基本は土地利用

設計というより、基本は〝土地利用〟なんです。

「こうしたい」というプランを先に効率よく描いて、現実化してゆく。高低差を利用した配置計画をつくって、必要なアプローチや切り通しをつくり、より高い可能性をもってその場所を使えるようにする。

都会でも田舎や地方でも、これからは人が減って、「土地をどう扱うか?」ということがランドスケープ・デザインにおいて大きなウェイトを占めてゆくんじゃないかと思う。その実験的な場づくりを遠野でやっているんです。

またそのときに全部ゼロからつくるのではなくて、既にあるインフラを活かしてゆくわけです。田畑や道や建物など、前の時代の人たちが労力を投じてつくった資本が残っているのだから、それを活かさない手はない。

たとえばこれ（次頁）は「アオゲラホール」と呼んでいる建物です。レクチャールームとして使っているけれど、50年前につくられた酪農小屋で、下はもと牛舎ですね。長いこと使われていなかったので中はボロボロだし、アオゲラが穴をあけた跡が無数にあった。

その穴にガラス瓶の底を嵌《は》めて。下の階は少し掘り下げて、天井高

2000年。本館の建設工事に際して、アプローチの敷地を借りた神社に鳥居を奉納。馬による地駄曳（じだび）きでクリの木を伐り出した。

2007年。（下）

をとって馬房にしています。

天井を見上げると面白いんですよ。同じ厚みと幅で製材した単一規格の木板で出来ていて、それで壁も貼っているし、構造まで組んでいるのがわかる。コストや手間を非常に合理的に省いている。そのままだと構造的に弱かったので、同じ規格の材を合間に加えて屋根は葺き替えています。


南のほうに、伐採した赤松をたくさん倒している土地があったでしょう？　あれは乾燥させているんです。よそから建材を買うのではなく、ここの材でクイーンズメドゥの建物をつくってゆきたい。

自分たちで製材所も持とうという計画を3年ほど進めてきて、もうじき出来る予定です。

松食い虫の問題もある。列島をだんだん北上してきて、岩手でも南の山林から報告が入るようになってきた。このあたりに迫ってくる前に、赤松をちゃんと材にしておこうと。

アオゲラ
キツツキ科に属する日本の固有種。健全な木をつくことはほとんどなく、林業にとっては益鳥。

2006年。新館の棟上げ。

ここにあるものでつくる

田瀬さんたちは、以前別の仕事をともにした安宅《あたか》研太郎《けんたろう》さんという若手建築家に、その製材所の設計を任せている。安宅さんはメンバーの一人として足繁く遠野に通ってきた。

安宅　小屋の中に製材機が置かれていて、丸太をレールに載せて通すと、反対側から製材されて出てくる。そんな最小限の建築物をつくろうとしています。

はじめは製材だけでなく、加工作業も出来る広さのある建物を考えていました。ただ十分に乾燥した木材でないと構造計算に乗らないので、昨年ここで伐った唐松ではまだ大きな建築物はつくれない。しかし、製材所が出来ないとその建材も出来ないわけで、順番が折り合わない。

それで「この建物については、乾燥が済んでいる他の遠野の材でつくらせてください」と田瀬さんに相談したら怒られた。「なに言ってるんだ？」と。「時間や順序も含んで、いまここにあるもので考え

そこにあるものでつくる←203

ろ」と言われ。「参ったなこりゃ……」と東京に戻って。

そして大きかった建物を、ケーキを切るように小さくして再提案したんです。

この案はウケた（笑）。これくらいの小屋なら、密に柱を立てて貫《ぬき》で繋いでゆけば、乾燥が不十分でも強度のある建物を建てられるね、という話になって。材もあまり加工せずに、丸太のまま使えるようなつくり方で計画しています。足かけ4年かかった。

田瀬　模型を見た瞬間から、「チョロQ」と呼ばれている。建築学会賞もとれるんじゃないですかね（笑）。

この冬は越してしまうかもしれないけれど、いよいよ来年は製材小屋をつくる。

冬の間に製材して、乾燥させて。出来た材で製材所自体も大きくしながら、いろいろな建物を増殖させてゆこうと。クイーンズメドゥを展開してゆくモーターのような、とても象徴的な役割を担う小屋として期待されています。

農業生産法人になる

——最初に購入した土地のほかは、借りて使っているんですか？

田瀬　「利用出来れば所有しなくていい」という考え方が基本だけど、要所は押さえて。

たとえば上の栗林は買いました。持ち主がいつの間にか伐採権を売っていて、ある日突然チップ業者が来たんですよ。ここのアプローチを「通らせてくれ」と。水質浄化池をつくっている頃だったな。

それで初めて、「え、そんなことになっているの!?」と知って。みんなと相談して、「その土地をうちが買います」と。業者さんは既に伐採権を買っていたので、僕らは地代に加えて業者と地主の両方にお金を支払った。二重払いですよね。得をしたのはなにもしないで売り上げたチップ業者。

でも「これはなくしてしまうと話にならないね」と話し合って、その山林は保護しました。

手前の田畑は「売ってほしい」と持ち主に伝えているけれど、なかなか譲ってもらえない。なので借り受けて、必要な整備を施して野菜や米をつくってきました。

しばらくそんな状態がつづいたんですけれど、2008年（始めて8年経過した頃）から展開が変わってきて。農家の人のほうから、「もう出来なくなったのでやってよ」「引き取ってもらえないか」といった話を持ちかけられるようになって。

そうした話に少しずつ応じてゆく中で、「ここも空いているよ」と別の話が舞い込んだり。

でも株式会社や個人では農地を取得できない。それで農業生産法人としてノースを登記したんです。すると田畑も買えるし、譲り受けることもできる。地元の生産者として発言権も得る。

土地は、いま生きている人たちが使うもの

田瀬　全部買う必要はないんです。基本的には使えたり通れればいい。そうなっていさえすれば、まるで全部自分たちのものみたいな（笑）。

所有状況はそのまま変えずに、使える土地をうまく組み合わせなが

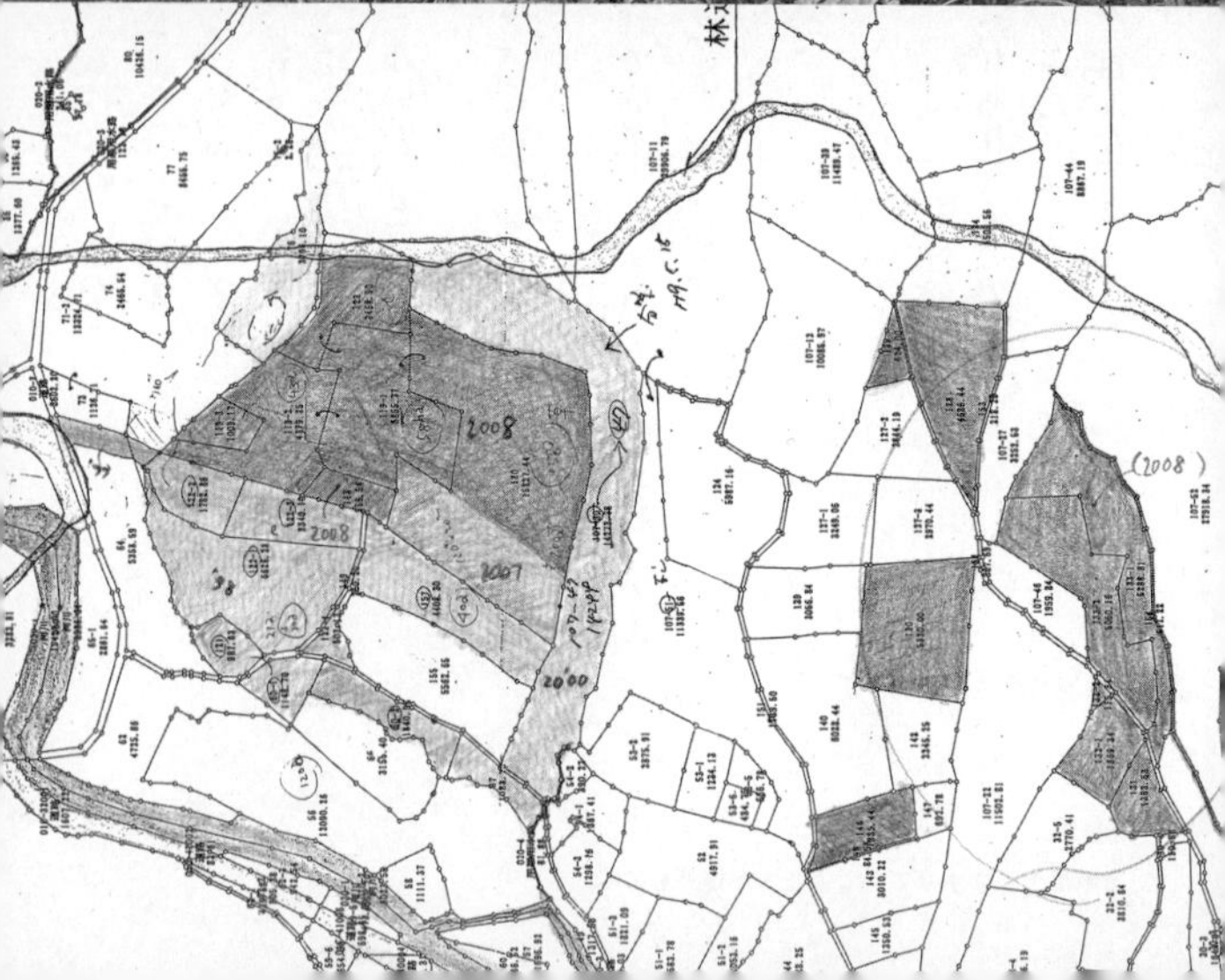
2008
(2008)
2007

ら全体を開発してゆきたいわけです。土地所有制度や税制を丸ごと変えるのは無理だとしても、これから生きてゆく人たちが、地面に引かれている見えない線引きを越えて、土地を使えるようにしていかなくてはならない。

「木曽御料林事件」は知っていますか？

――いいえ。

田瀬　すごく大事な話なんですよ。木曽に天領、つまり幕府の森があった。そこの木は1本でも伐ると死罪になる。

けどその山林の周りには農業を営んでいる人たちがいて、彼らは入会地として下草刈りをして森を維持したり、あわせて薪炭《しんたん》や肥料用の落葉を採取しながら慎ましく暮らしていたわけです。

ところが明治維新になって法律も改められ、入会地もすべて取り上げられて「一切まかり成らぬ」という話になってしまう。それでは暮らしてゆけないので、地元のいろいろな町村の代表が団結し、東京に

2004年。初めての稲刈りの様子。（上）
周辺の地籍図。山林の土地にも、このように細かく境界線が引かれている。（下）

『木曽御料林事件』
町田正三、銀河叢書、1982年

入会地
村落共同体が入会権を設定し、総有した土地。薪炭や肥料用の落葉、山菜、キノコ、カヤなど、日々の営みに必要な資源を得ていた。

行く費用をカンパで捻出しながら38年間にわたる陳情をつづけたんですね。「これまで入れた山に入れないのはおかしい話だろう」「どこで線引きをするんだ」と。

このとき伐採を禁じられた木曽山林の開放と、官有地・民有地境界の再調査などを求める闘争の詳細な記録が『木曽御料林事件』です。

この話はいまの土地問題に繋がっている。明治になって殿様がいなくなり農民や商人から年貢を取れなくなった代わりに、明治政府は地租改正を行い、土地を個人の所有物にして、所有者から税金を徴収する仕組みをつくったわけです。

ここに端を発する固定資産制度が日本を不幸にした。そのまま土地本位制で100年やってきて。で、やっぱりおかしいわけですよ。

土地というのは本来的に、個人の所有対象にするべきものではないし、その制度はいまの時代にも合致していない。

人の数が減り、誰が持っているのかわからなくなったまま入り組んだ状態に陥って、使いたくても使えないような土地が日々増えている。

地租改正
1873(明治6)年に政府が行った租税の制度改革。課税と引き換えに、日本で初めて土地に対する私的所有権が設定された。

固定資産制度
土地・家屋・償却資産などの資産所有者が、その価格にもとづいた税額を納める制度。

島崎藤村は『夜明け前』で、明治維新の頃の馬籠《まごめ》の宿場町の庄屋さんの話として、木曽御料林事件のありさまを描いた。藤村の父親はその陳情を始めた人物で息子もその活動を引き継いだ。その弟が藤村だったんです。

「明治の御一新」と称された変革。「いままでよりいい時代が来る」と言われながら土地を取り上げられて、『夜明け前』の主人公は発狂して死ぬ。夜明けになるはずだったのに、むしろその逆だったという、日本の近代化の一つの象徴のような事件なんですね。

島崎藤村（しまざき・とうそん）
1872〜1943年。詩人、小説家、日本自然主義文学の作家。

所有を超えて使う

田瀬　この話は、近代がこれから近代を超えなければならないときに共有しておく必要のある、すごく大事な話だと思います。

日本の土地は山林も都市も、所有によって線引きされ細分化している。持ち主は死んでいなくなってしまうし、相続を受ける人もどこかへ行ってしまっていて…というような例がどんどん目に見えてきていますよね。

日本の土地所有←206

けれどもランドスケープというか景色には、本来的に境界線などないわけです。

遠野の山も、役所で公図を見ると、細かい所有が入り組んでいます。地籍調査は行われて管理はされている。けれど使われていない。ちゃんと手順を踏めばそこを利活用することはできるし、その範囲も広げてゆけるんです。土地の所有権には触れずに、そのままいろいろなことが出来る可能性が高い。限界集落と呼ばれるような場所ほどそうですよ。

明治の地租改正と、戦後のＧＨＱによる左寄りの政策や税制を通じて、この国の土地は細かく分割されてきた。古い法律がまだ生き残っていてものごとを破壊しているというか、それが故に生じている不合理なことがたくさんあるんですよね。

これから地上については、所有を超えて使ってゆくやり方をつくり出してゆくことになると思う。

いまは建物を建てるための土地は買わないと自由に出来ないけれど、ただ使いたいまわりの土地については借りればいい。地権者には、ど

地籍調査
土地の所有者、地番、地目および境界と面積を測量する調査。市町村などが実施する。１９５１（昭和26）年から行われているが、２０１１年度末の進捗率は全国で50％と低く、地域差も大きい。

限界集落
人口の半分以上が65歳以上の高齢者になり、冠婚葬祭などの社会的共同生活が維持し難くなっている、過疎化の進んだ集落を指す。

う使うかという展望がないわけですから。

日本は首都圏に過密集中してやってきたけれど、これからはどんどん変わってゆくでしょう。土地所有をめぐる話もそうだし、空き家の問題にしてもね。「住民が一人でも不同意だと、マンション全体のことをなに一つ進められない」ような話はナンセンスじゃないですか。土地も同じですよね。

不動産所有としての土地の境界線の意味合いは、あくまで図面上のこととして、地上はそれを超えて活用出来るやり方に、多分次第になってゆく。

そのときに「全部クリアランス（地上げ）して一からやる」なんて話はナンセンスだし、そんなお金も日本にはないだろう。

この状況を見直してゆくプロジェクトは、超法規的な枠組みがないと出来ないと思います。

でも方法はいっぱいあると思う。

それは国の動きを待つより、実例や実態を先につくって示して、制度があとから追いついてくるような順番が現実的でしょう。見えないものについて「わかってくれ」と言ったところで、相手によっては無理な相談なのだから。

こういう環境を実際につくってゆくことで、イメージが湧きやすい状態になっているのは間違いないと思う。

僕らは周囲の地権者に総当たりで情報収集し、集落再編をしてゆこうと。もちろん一気にはやれない。少しずつやってゆくんです。すると、「うちのところも使ってくれ」という話になってゆくだろう。

馬のポテンシャル

田瀬　ここを始める前段階として、今井さんたちや僕がすごいエネルギーをかけて取り組んだ、でも実現には至らなかった構想づくりの仕事が、いくつもありましてね。

その一つに木曽の開田《かいだ》村（現・木曽町）のプロジェクト（1994年）があって、僕らはそこで「新・馬地主制度」を提案したんです。日本のチベットと呼ばれる開田村を、こともあろうにスキーリゾートにしようとしている人がいて。「そんなことより馬地主制度だろう」と。

新・馬地主制度
地域固有の農耕馬の保存と、村の経済的な活性化のために田瀬さんたちがつくった事業創造の構想。新しい農業基盤づくりと、馬のいる生活を介した里の風景の修復・美化・保全を提案した。

少し時代を遡ると日本にはたくさんの馬がいて、その馬を抱える馬地主がいたんです。

これは80年前の『最近日本地理』という中学校の教科書に載っていた図。東北地方の馬の分布で、一つの点は１００頭。こんなにいっぱいいいた。この時期のことだから軍馬も多いだろうけど、もちろん農業にも使役されていた。

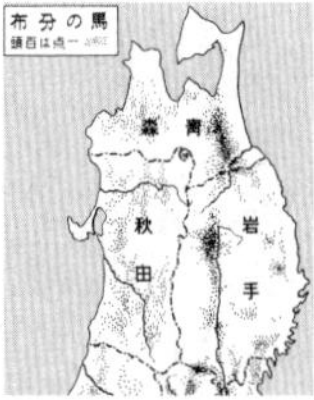

『女子教育　最近日本地理十訂版』三省堂編輯所編、三省堂、１９３１年、より。

馬地主は農家に馬を貸します。農家はその馬を育てて、そして生まれた仔馬を売る。開田村あたりだと木曽福島の馬市に引いていって、売れたお金は年ごとに馬地主と小作が交代で折半した。

あと馬を育てていると馬糞と敷き藁が堆積するでしょ。冬場にたまったそれを春に木曽福島に持っていって、畑用の肥料として換金する。そうやって営みを成り立たせてきた。

馬は、増えれば増えるほどまわりに仕事が生まれるんです。開田村にそんな提案をしたけれど、そこでは形にならなかった。

農業と馬←210

——馬ときいても乗馬クラブや観光牧場のイメージが先立って、維持が大変そうだし、それ自体が富を生みだすと思えない人が多いのではないかと思います。

田瀬　餌をあげたり放牧したり、世話をする仕事が毎日ある。それに従事することで若者が土地にとどまることが出来る。農業も有機化出来る。仔をとって売れば、車1台売るようなものだし。経済が動くんです。

――昔、遠野の民家で一緒に暮らしていた馬は、山で伐った木の曳き出しや、沿岸部との交易に使われていたんですよね。

田瀬　そうです。昔は馬がトラクター代わりだった。1馬力のね。でもそこから堆肥もつくって、農業もやり、仔をとって育てて売っていたわけです。年の半分はそれで、もう半分は農業。あるいは大工をやるとか。

馬は必需品だった。この地区に馬の戸籍のようなものが残っているのだけど、それを読むと、1955年には2000戸の馬農家があって4000頭の馬がいるんです。地域の基幹産業ですよね。

2000年。伐採した木の「地駄曳き」。遠野では昭和50年代頃まで、こうして運び出した木で家を建てるのが普通だったという。(上)

馬糞はいいんですよ。近くに中央競馬会と遠野市が一緒にやっている乗馬クラブがあって、そこも堆肥の施設を持っているけど、いつ行っても馬糞のところは空っぽです。それからなくなってゆく。牛糞の堆肥はそれほど売れないのに。

鶏糞や牛糞は窒素分が多く肥料過多になるんですね。でも馬のは組成がまったく違うんです。匂いも臭くない。牛の場合、反芻《はんすう》をくり返して養分を摂《と》った残りかすが出てくるわけだけど、馬糞は50％くらいは食べたものがそのまま出てきているんですよ。乾かすと、ただの草になってしまうような。

土に繊維を入れてゆけるし、バクテリアもいっぱい含まれている。みんな欲しがるんですよね。

背の高い笹の茂みも、馬を何日か林間放牧しておけば、あらかた食べつくします。彼らはワラビだけ残すので、放牧地はワラビ採りにも重宝される。

山野に人が手を入れながら暮らしを営んでゆく際の大事なパートナーであり、安心して使える有機農業の堆肥源であり、移動を含むさまざまな活動の動力源でもある。

　人と馬が一緒に暮らしていたのは、そういうことなんだと思う。単純に「馬力」ということではなくて、飼っているといろいろなポテンシャルがあるんです。

　食用以外の価値が高いので、東日本大震災以降、放射性物質による汚染の課題をかかえる東北の山間部でも価値を失わない。

農業が景観をつくる

田瀬　開田村で「新・馬地主制度」を提案した翌年、今度は沖縄で、返還される米軍通信所跡地の再利用計画にかかわりました。

　そこは地権者が４００人もいてね。沖縄は、基地に土地を提供している地主がもっとも優雅に暮らしているんですよ。何十年もそういう暮らしをしているので、なんて言うんでしょう、駄目なんです。働かずに一攫千金《いっかくせんきん》ばかり狙ってしまうというか。ゴルフ場をつくりたがったりして。

　そういう暮らし方ではなくて、返還される土地でちゃんと農業をやり集落をつくる。そこにお金をつかってゆこうというプロジェクト。で、これはただ計画案をつくるだけでなく、自分たちも事業者として参画しようと考えていたんです。でも返還後の土地からＰＣＢが出てきてしまって、これも先に進まなかった。

実現に至らなかった構想案は他にもいくつもあるんです。もちろん実現に至るプロジェクトもあるのだけど、「あれをやっていたら凄いものが出来たのに」という案がたくさんあって。

そういう仕事は、だいたいアネックスとチームでやっていました。事業運用や長期的にどう資金を稼いでゆくのかといった部分がなければ成り立たない話を形にしようとしているのだから、建築やランドスケープの絵ばかり描いていても進まないし、展望も見えない。

実現にもっとも肉薄したプロジェクトは、１９９４年にかかわった糸満市の観光農園の開発計画です。１００haくらいの敷地があって、そこで沖縄の農業の見直しを行った。

長寿県と言われているけれど、実際には土地と農業の劣化が同時に

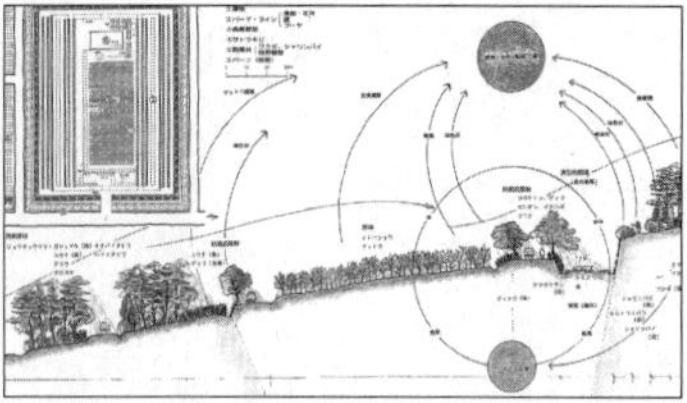

単一種の農業でなく、パパイヤとゴーヤをはじめ、いろいろな野菜、サトウキビ、在来種のアグー豚。それらを同時に育てる立体農業のモデルファームをつくろうという計画で、市長と進めていた。

進行していて食生活も崩れてきている。栄養過剰で、あと10年もしたら短命県になりかねないと思います。

表土が流れ出て、珊瑚の海が赤茶色に……というニュースをときどき目にしますよね。乱開発とかゴルフ場がとか、リゾート開発がどうとか言われるけれど、実はそれ以前に農業基盤整備で表土流出が進んできた。

地域の環境、というか景観には、農業のやり方や農整備のあり方がきわめて露骨に出るんですよ。

農業の制度設計はとても大事な話です。『環境保護とイギリス農業』という本があって、農業先進国としてのイギリスの農業制度がまとめられている。

いま日本の農業で、戸別所得補償制度がうたわれていますよね。主要農産物の生産者に対して、生産費用と販売価格のマイナス分を交付金で充当する政策。

イギリスも昔はそれをやっていたんです。つまり市場より高く買うことを保証して、たくさんつくればつくるほどいい状況をつくって。それでずいぶん環境が破壊されたんですね。周囲のカントリーヘッジ

『環境保護とイギリス農業』
福士正博、日本経済評論社、1995年

戸別所得補償制度
2013年に「経営所得安定対策制度」に名称変更。

カントリーヘッジ
country hedge
人工物を使わない、自然素材で形づくられた柵や生垣。

を外して少しでも畑を広げようとしたり。でもそれが「まずい」とわかって、補償制度を廃止した。

そして有機農業など、周囲の環境を守りながら農業を行うレギュレーションを細かくつくって、補助の対象をそういう生産者に切り替えた。ガラッと方向性を変えたんですね。

そのことでイギリスの農業はかなり有機化が進んで、もう20年以上経つのかな。日本でいうところの農協をはじめ、いろいろな関連団体の調整を図りながら、制度づくりの努力を営々と重ねている。

出雲平野の築地松←211

これは1964年に出版された、バーナード・ルドフスキーの『Architecture without Architects』という本に載っていた出雲平野の景色です。終戦直後とか50年代の日本の田園は、こういう景色だったんですね。

こういうのが〝ランドスケープ〟と呼べるものなんじゃないかと思うんです。要は「無駄なものがない」と言うか。きれいですよね。

――本当に。

宍道湖付近の農家と防風生垣、1957年撮影、文藝春秋提供

田瀬　自然と土地と、公共的な精神や慣習が合わさって出来ている。日常性と社会性と地域性が、景色にしっかり表現されていますよね。

こういうものにかかわって仕事をしたいし、こういう景色をつくってゆきたいなと思う。じゃあなにを仕掛ければそうなってゆくのか？　ということを、常に考えているわけなんです。

その地域に住んでいる人たちが、本当に夢中になってやっていることが表に出てくるというか。それが結果としてまちにもなれば、景色にもなる。そういうのがいいんじゃないかと思うんですよ。本物をやるというのはそういうことでしょう。

田舎や地方の景色が汚くなっているのは、農業や林業がちゃんと生業になっていないからだと思う。

農業でいえば、たとえばいまはもう大半が兼業農家であって、農民ではない。専業農民なんてほとんどいないわけです。数パーセントといわれていて、それだって怪しいですよね。で、時間が経てば経つほどその数も減って、それでおかしな風景になっているんだと思う。

国内の田んぼの大半は兼業農家の仕事だけど、兼業ではろくな農業は出来ませんよ。休日しか働けないのだから。田植えと稲刈りをやるだけで、その間は除草剤と農薬だけ散布してなにもしない。

時間を投入していないし、大量に薬を散布して、買ってきた機械で仕事を済ませていて。息を呑むような田んぼや山里の景観は、国内でも本当に限られているじゃない？

だからお米は出来ているけど、環境は劣化している。パッと見た感じの景色は変わらなくても、カエルも鳴かない。

農業や林業を生業にしない限り田園ルネッサンスはあり得ないんじゃないかな。田園や里山の復活は、やっぱり夢中で農業をやらないと無理なんじゃないかと思います。

逆にいうと、それを成り立たせれば結果として景観もあらわれてきて、人が「訪れてみたい」と感じる場所にもなってゆく。環境を守りながら農業をやる、ひいては景色も守られる。

自分たちがクライアントになろう

田瀬　でも、日本はどこもかしこも八郎潟みたいな具合で、農業政策のビジョンが決定的にない。ビジョンがあるならまだしも、先の見えない産業を重ねているところに戸別補償とかしたところで未来はないじゃないですか。基本としての農業がちゃんとしていないと、本当は国が成り立たない。イギリスやフランスは農作物の輸出国だからやはり考えている。ヨーロッパの合理的な農業は有機で、家畜を飼い、カントリーヘッジで区画して、土地を休ませながら回転させる。そんなふうにやっているんです。

２００年前にドイツで書かれた『合理的農業の原理』という、アダム・スミスの『国富論』に匹敵するような本があるんです。日本では最近ようやく翻訳された。

農業経営者のために書かれた本です。２００年前のものだから当然、化学肥料も機械もなくて、登場するのは馬や牛ばかり。でも「土地は

農業と自給←212

『合理的農業の原理』上・中・下　アルブレヒト・テーア／相川哲夫訳、農山漁村文化協会、２００７〜０８年

どう改良したらいい」とか「どう種を播くといい」とか、延々と書いてある。内容は当時のものなので、いまそのままやれるわけじゃない。さらに日本とは風土も違うけれど、経営者の視点で、土地のことや農業のやり方が事細かに書かれている。

そういう本がヨーロッパにはあった。でも日本は戦後、化学肥料と農薬で乗り越えようという考え方でさんざんやってきたわけで、こうしたバイブルのようなものがなかったのは、すごく不幸なことだと思います。

糸満のプロジェクトでは、日本の農業の価格構造や、農家の所得の内訳などいろいろ調べました。

役所の資料には「年間600万円稼げる」とか「サラリーマン並み」「本土並みの年収」と書かれている。でも読み込んでゆくと、ほとんど捏造《ねつぞう》された数値の累積なんですね。農業をやっている人のことを、農政が本当には考えてやっていない。

補助金をボンボン出して、無理やり農業開発を押しつけていて。これで農業を継ごうなんて人はいないよなと。

そもそも「本土並み」とか「サラリーマンと同等の年収」とか掲げ

ていたら農業なんて出来ないんですよ。それをあたかも「出来る」ように書いてしまって、つまるところ補助金で解決を図る。お金で済ませようとするわけですが、投入すればするほど本土並みに劣化してゆく。景観もそうだし、文化が劣化してゆくというか。

そうではなくて、やはり文化を生みだしてゆくようなものにしないと駄目ですよね。

当時の糸満の市長さんは農家の出身で、こうした話に理解がありました。そこで土地利用の考え方や、捏造農業への対抗手段を具体的に組み立てて提案して、基本設計まで終わったけれど、残念なことにその人が落選してしまって。次に当選した市長は建設系の人でね。

こうしてだんだん、「自分たちでやらざるを得ないんじゃないか」という流れになっていった。ある頃「もうこれは出来ないね」と話し合ったんです。実現しなかったプロジェクトは、結局のところどれも既成の枠組みの中でクライアント側の事情によって頓挫してゆく。「なら、自分たち自身がクライアントになろうか」と。同じエネルギーを投入するなら、自分たち自身が事業主体になってしまうほうが、投入したエネルギー分のことをちゃんと出来るんじゃないかと。
そんなことで「遠野でやろう」という方向に流れが向かい、まずは小さな小屋（いまの本館）を建てて……ということになっていったわけです。

小さなものであっても←216

馬とつくる生業

田瀬　馬は最初、まずオーストリアに出向いて、買い取って。遠野にやってきて、子どもも生まれて現在に至っています。
ハフリンガーというチロル産の馬で、乗馬も出来るし、馬車も牽ける。レジャーとしてのトレッキングにも最適だし、いわゆるアニマル・セラピーにもすごくいい。ユニバーサル・ホースと呼ぶにふさわしい馬だと思う。
寿命は25〜30年くらい。馬は3歳くらいから子どもを産み始めます。妊娠期間は人間と同じ10ヶ月。生涯に15回ほど出産する。

ハフリンガー
Haflinger
オーストリア、ドイツ・バイエルン地方の馬。平均体高は130cm強。品種としての均質性が高く、栗毛で、尾とたてがみは淡色。

このあと増やしてゆくには、別の血の馬をもう何頭か連れてこない

とならない。その受け入れの準備にはまだ少し時間がかかります。

――ハフリンガーの仔馬は、国内でも売れるんですか？

田瀬　売れちゃうと思いますよ。

――幾らくらいで？

田瀬　血統書の付いている馬が揃うチロルのショーのような市場なら、仔馬1頭の価格は、カローラからベンツまで。

――日本の馬市場でも？

田瀬　日本だと自転車からカローラくらいまで。中には200万円くらいの高値が付く馬もいるけれど、馬市場全体が下がってしまっているから。

　だからしばらくは、欲しがる人がいても遠野からは出さないほうがいい。まず、人が農的な暮らしをしてゆく上で馬という生き物が重要

2006年。（上）
2007年。（下）

な存在であることがわかるように、そのありようをくっきりさせる。

そして馬の数が増えて、良質な有機農業が成立している地域の姿が見えるようになり。馬糞の活用だけでなく、ホース・セラピーだとか、馬の世話をすること自体の価値もよく見えるようになり。地域交通の一部も担うようになって。

外に出すのはそれからですね。現在の市場に出しても価値を下げることにしかならない。市場価格に合わせて利益を出そうとすると、手もかけられないし、良質なものを育てられない。これは農業に限らず、なにもかも同じですよね。

とはいえ、馬をめぐる状況はもう本当にボロボロなんです。このあたりには昔は馬の獣医さんがたくさんいたみたいだけれど、いま馬を専門的に診る人はほとんどいない。

行政にも、食用馬への助成はあっても、農用馬に関するものはその分類自体が丸ごとありません。県庁の職員に尋ねてみたことがあるんだけれど「遊び馬に助成なんてしていられない」と返ってくるレベルで。この地域にあった蓄積も記憶も、ほぼ失われている。

だからまずはここで、馬と人の暮らしのあり方がちゃんと見えるようにしてゆくことが大事なんです。

それがある程度進んだとして、でもまだその次は「売る」じゃあない。「貸す」。たとえば市と共同で馬地主になって、数を増やしてゆくほうが先。馬糞の堆肥づくりもそのためのチームや会社をつくり、ペットとして飼いたい人がいればその世話も請け負って。

馬を軸に地域に生業をつくってゆくことのほうが、売ってお金にするより大事なんですよ。

馬が先か、人が先か

田瀬　僕らの間に「馬が先か、人が先か」という議論があって、僕は「馬が先だ」と思っています。馬がいないことには世話をする人も来られないじゃない？

――その「人」たちとは、これからどんなふうに出会ってゆく考えですか？

田瀬　都会のお金持ちがここにポンと別荘を建てたところで、ほとんど役に立たないし、誰であれすぐに始められることじゃない。体力も要るし。

それに急に始めても、うまくいかないとノイローゼになってしまったりするでしょう？　最初は3年くらい通いながら、何度も足を運ぶ中で「よっしゃ！」と覚悟を決めて。家も半分は自力で建てる。そんな感じでないとね。馬もいいのがいないと駄目なので、「いますぐに」という話ではないですよね。

ここに「来たい」という人は結構いるんです。

ある若い人には「いま来てもすぐには役に立たないから、2年くらい修業しておいでよ」と、埼玉県のある有機農家の研修プログラムを紹介した。そこは無給だけれど、住み込みで年間を通じた農業を教えてくれる。座学では教えきれないことごとを実地で身に付けさせてゆく形で。

でも最近の学生たちには、卒業と同時に奨学金の返済義務が生じる人が多いんですね。だから自分の学習機会を確保したくても、わずか1年も無収入に耐えられない。

奨学金の返済義務
国費による無利子貸付を行っていた日本育英会は1984年に奨学金の有利子化に着手。2004年から独立行政法人日本学生支援機構に。国の奨学金を利用した学生の数は、現在全体の4割にも及んでいる。

本当にこの国の農業を持続させたいのなら、たとえば農業を学びたい若者の奨学金の返済は、国や自治体が引き取って精算するような枠組みでも用意しないことには、いくら本人が始めたくてもできないと思う。農家の戸別補償なんてしていないで将来の世代に投資してゆかないと先がないですよね。

クイーンズメドゥをやってゆく中でそんなこともわかってきました。結局いちばん低いレベルに合わせた政策ばかりで、状況を引っ張ってゆくはずの人たちの輝きを損ねてしまっている。

前例をつくってしまうほうが早い

――田瀬さんはいま、どれくらい遠野に来ているんだろう?

田瀬　春から秋は、月に2回か3回。冬は1~2回。

農業生産法人になったので就労義務があって、僕は189日、つまり1年の約半分は農事に就労しなくちゃいけない。畑でなく都市部で営業していてもいいんですけど。

でもここに来てなにかやっている日数は100は超えていると思う。2010年にはこんな標語をつくって、ノースはこれらを目指してやっているんです。「五箇条の御誓文」みたいなものですね。

有機農業　晴耕雨読
自給自足　三勤交代
地材調達　自主建設
情報収集　集落再編
人馬一体　馬事習得

解説が要りそうなところだけ説明すると、「三勤交代」というのは、まあ「いろんな人が交代々々で」という意味です。日々の基本的な農作業は地元のメンバーや知り合いにやってもらっていて、東京側のメンバーはその都度行ける人が行ってやっている。そんなふうに大勢（複数名）でやってゆこうという意味。

遠野に来ているときには、一緒に作業をしながら農事技術を蓄えています。いずれ若い人たちが定住してゆく段階になるので、それに向けた三段構えのようなものをつくってね。

2007年。遠野で農作業中のノースのメンバーの一人、山下広記さん。東京では環境アセスメントのコンサルタントとして働いている。

「自主建設」。家もセルフビルドというか、自分でつくる形で考えている。メンバーの中になんでも出来る大工さんがいるので、とりあえず棟上げまで済ませてあとは本人がやるとか。いろいろなサポートの仕方があるなと。

都会における住宅づくりとは全然違うロジックでやらないとね。そうでなかったら出来ないというか、都会のやり方を田舎に持ち込んで上手くいった試しなんて、なにもないですよね。むしろ逆で、こっちで開発した方法を都会にも応用するほうが有効なんじゃないかという気が最近はしています。

そんなこんなで、遠野にはもうずっとフルコミットですよ。東京で考えたり準備している時間も長いから、全ての時間の6割くらいは投入しているかもしれない。

ここには延々と日常的な作業があるでしょ。「苗を植えますよー」「田んぼやりますよー」と毎年くり返しながら、同時に小屋を建てたり、馬の雨除けをつくったり、新しいこともやるわけです。

遠野のほうが忙しいんですよね。

でもエネルギー源になっています。僕は1石扶持《ぶち》。米、食べ放題というか。いいお米といいお味噌があればほとんど自給出来るんだけど、おまけに美味しい芋も出来ちゃって（笑）。

——ただの別荘じゃないし、ただの収益施設でもない。どんなつもりでここをやっているんだろう？

田瀬　志、高いですよ。遠野のためというか、これからの日本の暮らし方・営み方のモデルケースになるようなつもりでやっています。
　空間があることに価値があると思うんです。他の場所でも「こんなやり方で住めるかもしれない」と考えてもらえる、現実に存在するモデルになるように。

　市役所の人たちとも最初の頃からずっと話を交わしてきたけれど、これまでなかなか具体的な協働には至らなかった。
　でも地域全体に馬がいる状況をつくってゆくには、インフラにかかわる話を避けて通れない。それは自分たちだけでは出来ないんです。制度がそうなっていないと出来ないことはいっぱいある。市長が方針として描いて、役所の人たちがその気になって動き始めないと出来ないことは。でもね、市長のマニフェストには「騎馬警官」という言葉もあるんですよ。

駅前の駐車場のところにも、お土産屋さんなんかねえ、あったってしょうがない。全部パドックにして、駅から出たら馬がいるほうがよほどいいと思うんだけど。

駅の近くに一日市《ひといち》通りという道があって、昔は1日と11日と21日に市が立っていたそうです。その通りと駅前のT字路くらいは歩行者と馬しか入れないようにして、月に3日、ちゃんと朝市が出て遠野じゅうの物産が集まるとか。本来の駅にしないと。

とはいえ、公務員と呼ばれる人たちは、自分の目で見たことのないものは信じない。

ようやくわかってきたけれど彼らはそういう種族なんです。立場もあって、人前で「どうすればいいかわからない」と頭を抱えることも出来ない。なので彼らにとって従来のやり方や前例は、とても大事な手がかりなんですね。

だから逆に、実例や前例をつくって共有してしまうほうが早い。信念で信じないようにしているわけではないので。見たことのあるものは彼らは信じてくれるんですよ。

岩手県沿岸部の宝

田瀬　これは、2011年3月11日の震災の後に描いたものだけど、岩手県の水系と鉄道の線路だけを抽出した地図です。複数の流域と、それを横串に刺してゆく沿岸部の鉄道が、岩手県沿岸部の復興の宝だと僕は思うんです。

このあたりの河川は鮭が遡上するんですよ。北上川を遡上した鮭も、昔はクイーンズメドゥのすぐ近く、そのへんまで遡ってきていたという。

――すごい距離ですね。

田瀬　太平洋側、釜石の北の大槌川とか宮古の津軽石川は、日本でいちばん鮭が遡上する川と言われていたんですね。ところが遡ってきた鮭を河口の近くで捕まえて採卵し人工孵化して

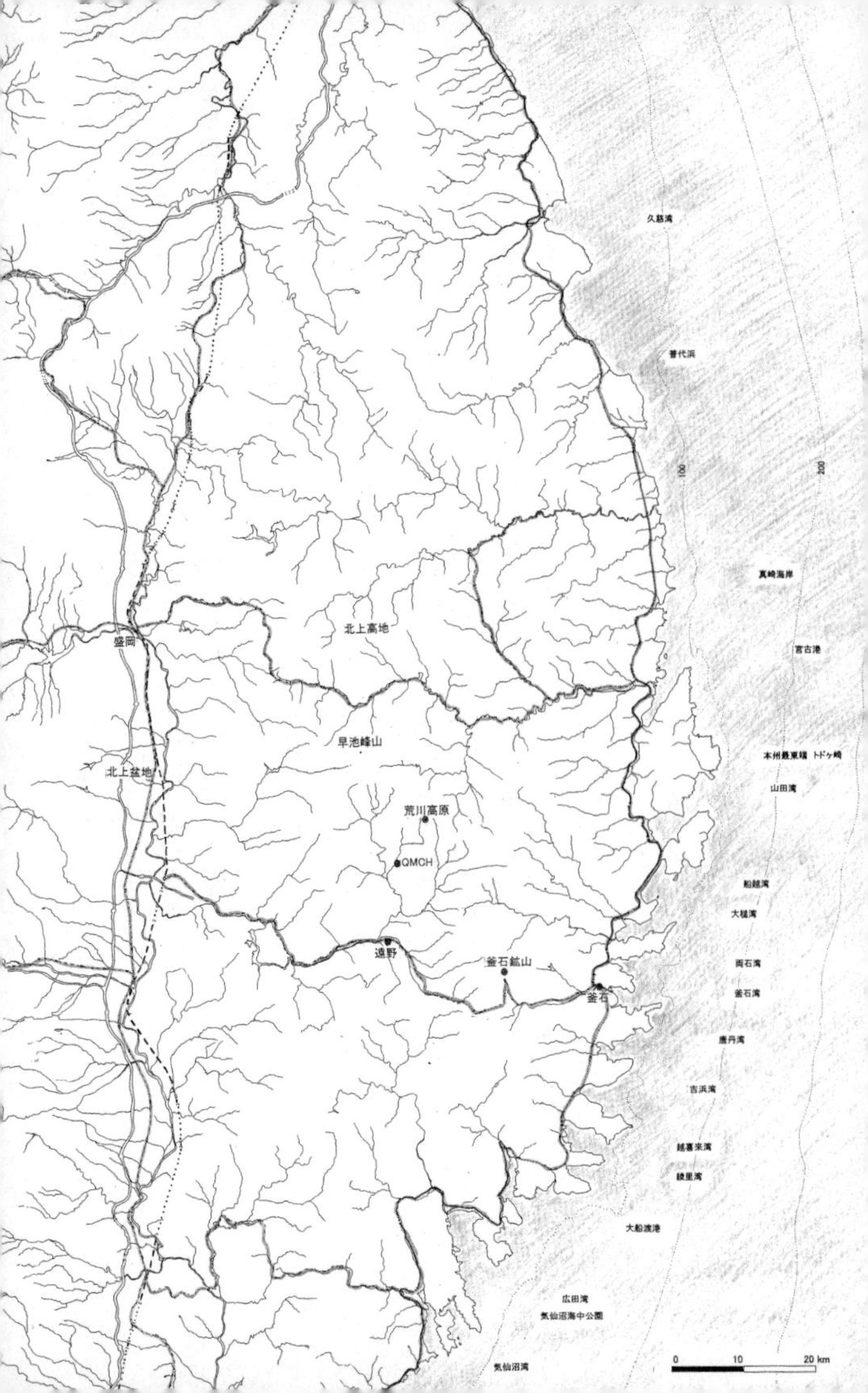
久慈湾
普代浜
100
200
真崎海岸
北上高地
盛岡
宮古港
早池峰山
本州最東端 トドヶ崎
北上盆地
山田湾
荒川高原
QMCH
船越湾
大槌湾
遠野
釜石鉱山
両石湾
釜石
釜石湾
唐丹湾
吉浜湾
越喜来湾
綾里湾
大船渡港
広田湾
気仙沼海中公園
気仙沼湾
0
10
20 km

稚魚を放流する漁業が始まって、鮭は上流まで遡らなくなり、それと併行して山間部が疲弊してゆく。山はただの山になり、そこで暮らす人々は谷間の小さな田んぼや畑をやるくらいで、沿岸の漁民だけが鮭を私物化している。遡上させれば内陸部まで価値を共有して、資源化出来るのに。

むしろ山奥ほど価値が出てくるようなところが本来的にはあるんですよ。

そもそも流域は一つの文化圏なんです。川を介して、山林から海までみんな繋がっていて、景観的にも閉じた世界が共有されている。だから「我ら大槌川の子ら」とか、その間に複数の集落があっても川が共通するアイデンティティーになっている。

それを無視していると、ただの川、ただの山、ただの湾になっていってしまう。

宮城県の知事が「漁業権を集約して」と言っているのとは真逆で、場合によっては漁業権も放棄させて流域単位で内陸一帯の河川環境を育てながら、森と川と海の生業をつくってゆく。そうすれば人が訪ねてきたくなるような景色が自然と出来てゆく。

流域という単位←217

もちろん岩手の沿岸部が特別にいいという話ではなくて、どこにだってそんな可能性があるわけです。

その場所ごとの宝に気づいて、その価値を見直して再生する。

そしてそれらを繋いでゆくものを、その場所に合った形でつくりだしてゆけばいい。


線路が流されて、この機会に沿岸部の鉄道をバスに替えるなんてとんでもない話ですよ。地域住民の足にはなるかもしれないけど、それでは外から人は呼び込めない。

岩手の沿岸部は深いV字谷がつづくリアス式海岸で、景観が素晴らしい。国立公園の中をずっと通ってゆくんです。生活用途だけで考えずにパノラマ車両を走らせるほうがいい。

アルプスの山岳鉄道が走っているような地域も、人がたくさん住んでいるかといったら過疎ですよ。けれども限界集落なんてない。あの辺りは昔は酪農をやっている農家がちょこちょこあったくらいだったと思うけど、世界大戦の後に山岳鉄道をつくって人々がアルプスに登れるようにした。鉄道会社は国営でなく民間で、しかも黒字経営です。

アルプスの山岳鉄道
欧州で山岳観光がブームになった19世紀末からスイスは多くの滞在者を集め、追って複数の山岳鉄道が開通。100年以上前に敷設された線路や橋が、いまも現役で機能している。写真はレーティッシュ鉄道の名所ラントヴァッサー橋(ウィキペディア・コモンズより)。

景色のいいところがあり、そこを鉄道が通っているからこそ人が訪れることが出来る。

釜石や大槌では線路そのものが流されてしまったけれど、三陸鉄道はトンネルが多く、けっこう高いところを通っているから実は復旧しやすい。点を繋げてゆくものがないと、宝は復元できないと思う。

20年、50年後の国際ツーリズムを目指すくらいの生業をイメージして、暮らしを取り戻してゆけるといい。人の数が少なくなったって、いい生業をやりながら豊かに暮らしてゆけばいいんですよ。

宝の中で生きる

田瀬 岩手県沿岸部のそれを考えるなら、国立公園の中を抜けてゆく鉄道と、天然の遡上鮭や鮎による半農半漁的な内陸部の暮らしづくりですよね。山林がちゃんと生かされて川が蘇れば、ワカメや牡蠣の養殖もさらにうまくゆく。そこにあると思う。
内陸のクイーンズメドゥでは、北上高地の牧場を背後にした文化的

三陸鉄道
明治三陸地震（1896年）の際に急峻な地形が支援物資の輸送を阻んだことをふまえて構想された。1928年から区間をわけて開通を始めたものの、国鉄の財政悪化で中断。1981年に県と沿線市町村が第三セクターの鉄道会社を設立し、84年に全通させる。東日本大震災で各所の駅舎や路盤を失ったが、2014年に全線復旧開通。

鮭と山間漁業←220

景観の中で、有機農業をやってゆく。

僕らが夏場に馬を放牧している荒川高原牧場は、国も重要文化的景観に選定している場所なんです。ここでは馬と一緒に暮らしを営む「馬付き住宅」の暮らしを展開して、文化的・景観的に復興してゆく。宝の中で生きてゆくというか。


僕らが考えているのは、「Living in National Treasures（この国の宝の中で生きてゆく）」というコンセプトなんです。

開墾された農地も、時間をかけて形づくられた集落も、開通している道路にしても。先人が遺している地域の既存インフラを活用すればたいていのことは出来る。人の仕事は、もうさんざん投下されているわけです。

一度捨てられただけの土地なので、草木は茂って山林も荒れているけれど、水は流れていて馬道も通っている。新しい暮らしをつくりに、人が馬と一緒に帰ってくればいいんですよ。

ここの上流、荒川高原牧場に向かう途中に、僕らが「荒川イレブン」と呼んでいる11戸の集落がある。牛舎のある家も2軒あるけど空っぽです。インフラがしっかりあるのに、みんなお年寄りになってし

荒川高原では近世から、夏に家畜を山に放し、冬に里の畜舎で育てる「夏山冬里方式」の放牧が行われてきた。夏の放牧は安価で健康的な育成と同時に、平地の暑さや害虫から家畜を保護する利点を持つ。『月刊文化財』（文化庁・2008年2月号）には「わが国の生活または生業を理解する上で欠くことの出来ない文化的景観である」と書かれている。

まってやる人がいない。

だけど、ここに馬と一緒に入ったらもう大活躍できる。家は多少寒いかもしれないけど直せばいいし。前の時代の人たちが汗水垂らしてちゃんとつくり上げたものが一代や二代でお終いなんて、大変な損失ですよね。

すでにある。あとはその質だと思います。

そして人。若者が暮らしてゆける仕事をつくる。いま生きている本人だけでなく、二代あと、三代あとの人たちのためのプランニングをしておかないと。

沿岸部の被災地を離れてよそに移った人たちも、すぐには帰れない。その人たちには望郷や帰郷といった想いが生じるわけで、それに応える仕込みをビジョンとしても持ち、土地としてもつくってゆかないと。

ビジョンに根拠は要らない

——先の沿岸復興の考え方は、どこかに提示しているんですか?

田瀬　いいえ。震災が起きて間もない頃に沿岸部を車で走って自分たちなりに調査して、「こうやれば実現できそうだな」というアタリはつけたけど、どの市町村にも提案はしていません。

僕らは沿岸部への直接支援でなく、後方支援でいこうという話になった。クイーンズメドゥだけでなく、役場の人たちと一緒に始めている駅前のプロジェクトも含み、遠野で出来ることを具体化していくことにいまはエネルギーを割いています。

沿岸部の状況にかかわっていったところで、プランニングしようのない状況が容易に想像出来てしまうというのもある。

国や県や市町村が土木系のコンサルタントと一緒に絵を描いて、大事なところはもうあらかた決めた時点で住民に公開する。「これをつくる」「ここにつくる」「いつまでに完成させなければならない」「そうしないと予算そのものがなくなってしまう」という具合に。

そんなふうに進めておきながら、「住民側から提案が出てこない」なんて失礼な話ですよね。

でも実際のところ住民側からは出せないと思いますよ。そういう訓

田瀬さんたちは2012年からクイーンズメドゥと併行して、遠野駅近くの街道沿いで空き家になっていた大きな町家を修繕。都市部の大学の学生や講師が通って来る滞在学習型のオフ・キャンパス・プログラムの実施を、市役所の人たちとともに進めている。

練をしてきていないのだもの。

それは専門家にしても同じなんです。フリーハンドで。つまり枠組みそのものを再設定しながらビジョンを描くというか、プランニング出来る存在が、日本にはほとんどいない。

そのためのステージが存在しないんですよ。「計画→即事業→即設計」という感じで施工まで一気に進んでしまう。たとえば公共事業にしても、地元に予算が落ちるようにとか建設業の仕事を増やしたいとか、そういう動機で先に決まってしまっていて、「これ本当に必要なの？」と思っても、そこを否定した途端プロジェクトが丸ごとなくなってしまうような。

「本当にこれをつくっていいんだろうか？」とか「これをするならどうやるべきか？」というところを自由に考えて仕切れるプランナーが育っていないし機会もない。だからなにも生みだされてこない。

結果として、そのときどきの掛け声やスローガンはあっても、長期的なビジョンが生まれないんです。

でもそれを持ち合わせていないと、個々の問題や事情ばかりが浮き上がってしまう。

——田瀬さんたちは、具体的な実践も大切にしているけど、大きな目標やコンセプトワークも大事にしているように見える。「あっちへ行くんだ」という大きな方向性をつくって共有することを、とても大事にしていますよね。

田瀬　そうです。

で、そのビジョンに根拠は要らないんですよ。理にかなっていることや「これが実現するといろんなことが可能になるね」といったことは、たいていの人は感覚的にわかるんです。

ああだこうだ議論を重ねて企画書のページ数を増やしても、折角のそれを弱めてしまうだけで。それは言葉であれ絵であれ、パッと見て一瞬にしてわかるものであってね。「あ、見えたね！」というような。

それがはっきりとあるのは、とても大事なことですよね。きいた人が「そうだ」と思うか思わないかだけの話なんです。根拠を示そうとして数字などに置き換えると、ビジョンは一気に薄っぺらなものになってしまう。

田瀬 デザインワークや工事を進めてゆくと、いろいろな問題が立ちあらわれるわけです。関係する人々からいろいろな要望も出てくる。ビジョンが共有されていない状態でそれにいちいち対応していると、そのうちになにがなんだかわからなくなってしまう。立ち戻るところがないから。

でもビジョンが共有されていれば、不整合や葛藤が生じても「でもこれはこうだったよね」と冷静になれる。

それがないと延々と対立したまま、あるいは妥協に妥協を重ねてゆくことになって、結果的に一体なんのためにつくったのかわからないようなものが出来てしまう。

――局所的な意味や、個別の都合の寄せ集めになる。

田瀬 うん。目指すべきものが見えないまま当事者同士がただ納得してゆくしかないような世界は、やっぱり不幸なものに終わると思うんですよ。

沿岸部の被災地では、いま特にそんな状況が生じやすいと思う。本来目指すべきものについて互いに語り合えないまま、行政から急かされるようにまちづくりの計画が進んでゆく。その先に未来があるかどうかは怪しげなままに。

でもみんな一所懸命に励まし合って、ヒューマン・ストーリーの積み重ねに終始してゆく。あとから失意が来るかもしれないことを感じながらやっていて、結果的に誰の得にもならないし、みんながハッピーな状態で終われないというか。


根本的なところからなんでも言い合えるステージ（段階）をつくって、いろいろな人が語り合わないとね。敷地についても、立場にしても、抱える利害はそれぞれ違うわけだから。

そうした個々の事情や思惑を超越して、当事者たちが目指すものを共有している状態にならないと、ものごとは進まないんじゃないかと思います。仮に進んだとしても「ただつくった」「ただ出来た」だけになってしまう。

――「フリーハンドで考えられるステージが存在しない」のは、なぜだろう？

田瀬 自治体でいえば先にお金ありきなんですよね。国の助成事業の動きを見て「いまはこういう予算が取れそうだ」と取ってきて始めるので、そもそも最初からフリーじゃない。

枠組みは与えられているし、なにより自分たちが考えて発意するというところがスポッと抜けちゃっている。

それは建築家もランドスケープ・デザイナーも同じで、「与えられた問いに答える」ような教育を受けてきている。問いそのものを問い直すことはせずに、すぐに解いたり答えちゃう。優秀な人ほど。

根本的なところからスタートしない。

専門家からしてそうだし、一般の人は早期のプランニングにかかわる機会すらないので、まちづくりやパブリック・スペースの計画にコミットする能力が身に付かない。そして「賛成か反対か」だけの烏合の衆のようなものに成り下がってしまうでしょ。仮に誰かが本質的な問いを口にしても、「あいつは難しいことばかり言うから閉め出しちゃおう」となってしまったり。

でもそんなふうにはならないのが、ちゃんとした社会のはずですよね。

とはいえ、「変えよう」と思っている人は少なからずいる。地方の役所にもそう思っている人がいたりするのだから、法律も変わってゆかざるを得ないだろう。

事業でなく、〝環境〟に投資する

田瀬　地方や田舎に人がいないというのは、そこにある価値が認められていないということだと思うんです。

で、マネーゲーム的な都会のロジックを当てはめると、今度はすぐ「やっぱり鉄道は大変だからバスにしたほうがいいんじゃない？」という話になる。

――「新しい価値を生みだす路線のあり方は？」でなく、「赤字路線の維持方法は？」という考え方になる。

田瀬 それはJRのような公共交通が考えることではないよね。鉄道全体でやり繰りすればいいことで、単独路線で採算性なんてナンセンスじゃないですか。繋がっているんだから。

確かに鉄道は、空路に比べて整備しなければならない設備が多い。道路に比べても。でも保線のためにたくさんの人が要るなら、それをただ負担と考えずに「たくさんの仕事を生みだせる」と、頭の切り替えがいる。やりたい人も、出来る人もいると思うんですよね。

すぐにはそんなふうに出来ないにしても、目指すべきはそういうことなんじゃないかな。

そういう時代になってきている気がする。いろいろな仕事が、少しでも人件費を抑えて少ない人数で出来る方向へ向かおうとしているけれど、そうではなくて「より人がかかわる」というか。

――仕事が人をつくるというか、働くことを通じて人は展開するし、能力も拓かれてゆくし。関係も育ってゆくわけだから。

田瀬　無駄なことをしないように考えていると、お金は生むかもしれないけど価値は生みださない。人が「めんどくさい」と思うことのほうが、むしろ価値を生みだすというか。
　人がつくったわけではないものが溢れかえっているから、世界全体がなんだか砂漠のようになってしまっているのだと僕は思うんだけど。

　そもそもお金は流れてゆくものだから、結局はなにも蓄積されなくて、いずれお金の流れもなくなってしまう。
　でも〝人の仕事〟は、投入されればされるほど価値を残してゆくんですよ。アルプスの鉄道にしたって、石造りの橋もトンネルも、みんな人がつくっているわけですからね。

　環境の再生を、環境自体の再生という側面だけで考えるのではなくて、仕事の投入が、そのまま人の営みの再生に繋がってゆくように考えるというか。そんな価値観が大事だと思う。
　環境を用意したから若者が帰ってくるのではなくて、若者たちの仕事の仕組みやプロジェクトを動かすことで、人が入ってきて、環境も良くなり、結果的に価値が生みだされるというかね。

クイーンズメドゥでやろうとしているのは、そういうことなんです。「お金のためにお金を投資する」マネーゲームのようなロジックではなくて、〝環境〟に投資する。そして人がそこに居られるようになるのなら、それはもう「価値がある」ということじゃないですか。

投じた資本をいつか回収しようなんて、まったく思っていない。それをやったら都市開発と一緒になってしまう。この空間というか、環境をつくっていること自体が価値なんです。お金はゲイン出来なくても価値は生みだしてゆくわけだから、いくらでも投入して損はないというロジック。

僕自身も、ここでの働きからフィーを得ようとは思っていない。していること自体が価値なんです。

なにかことを始めると、すぐ刈り取りの時期や回収の話を始める人が少なくないけれど、費用対効果なんて言ってたらそもそも農業なんて出来ないし、そうは出来ない仕事ですよ。

でも自分が「ただやって」いれば、それ自体が地域のためになってゆくし、風景も生みだしてゆく。それをこんなふうに出来るんだというのを、見える形にしてゆけたらと思う。

地域文化というのは、いい直せば「地域文化の生業化」ということだと思うんです。生業そのもの。毎日ひたすらやっていることが、文化そのものなんですよ。

ここでいえば、ひたすら農業をやり、ひたすら馬の世話をする。それが出来るようにすればいい。

そのためには日常に馬が戻ってくればよくて、それでこの地の文化的景観も継承してゆける、と思いながらやっているんです。

2

東京

東京市ヶ谷のお堀
1952年撮影、毎日新聞社提供

すごく、きれいな東京

田瀬　僕は東京生まれ、東京育ちで、まとまった長い期間よその土地で暮らしたことはないんですね。ずっと東京に住んでいる。

生まれたのは市ヶ谷・仲之町というところ。外堀の水はいまは緑色だけど、僕が小さかった頃、昭和20年代後半から30年頃はすごく澄んでいた。水中に藻がたくさん生えていて、戦後の食糧難で入れた魚たちが泳いでいる姿が見えて、それを釣って家の池で飼ったりしてね。

校庭はその頃すでにアスファルトで、そんなところで走るのは嫌だったから隅っこの池をじっと見ていたり、お堀に遊びに行ったり、そんな子どもでした。

靖国通りには都電が通っていて、坂道の舗装はみんなピンコロの石。レールのまわりは御影石で、街がすごくきれいだったんですよ。

戦争で焼け野原になったとはいえ、家もどんどん建っていって。まちのそんな姿をよく憶えています。


石神井公園ボート池、1953年頃撮影。(上)三宝寺池から石神井公園池に流れる川、1955～60年撮影。(下)練馬区提供

小学校中学年の頃、練馬区の石神井に引っ越して。当時はまだ田舎ですから、畑というか草原の中にポンッと住み始めた感じで、学校まで毎日10分くらい麦畑の中を歩いていった。

多摩川水系の地下水が湧出している吉祥寺や、洗足池や、石神井や、関町のあたり。戦前の郊外住宅地から内側あたりの東京は、結構自然が豊かでね。歩いてゆくとそれこそ永井荷風《ながいかふう》の『日和下駄《ひよりげた》』みたいな世界。起伏があって崖線があり、水がこんもりと湧いていて、大きな木がたくさん残っていて。

ぽつんぽつんとある農家は屋敷林に囲まれていて、大きなケヤキがあって。鶏や豚がいて、牛を飼っているところもあって。少し足を延ばせば雑木林がバーッと広がっていた。いまでいう里山ですよね。

そんなだから、学校に通っていながら毎日遠足に行っているような感じで楽しくてしょうがないわけです。まあ市ヶ谷といい石神井といい、すごくきれいな東京に住んでいたんですよ。

その景色が変わってゆく様子を見ていったものだから、それからあとの東京に、いい印象がないんです。

石神井の麦畑は追ってキャベツ畑になり、次は芝地に切り替わっていきました。住宅の庭の「芝ブーム」に応える形で、練馬のあたりは芝をいっぱい栽培していたんです。それも終わると次は宅地になってゆく。そんな変遷があって。
まちのほうも、東京オリンピックを境に急激に汚くなっていって。

――1964年のオリンピックが境目。

田瀬　そうでしょうね。東京の中で、いいところがどんどんなくなってゆくというか。きれいで、気持ち良くて、広々としていたところ。大きな木。そういうのが東京じゅうでなくなっていった。
この感覚は、地方都市や田舎から来た人には多分わからないし、まったく違う目で東京を見ていたと思うけれど。
その頃から抱いてきた、「本当にそんなことでいいの？」という問いかけが、自分がこの仕事を通じてやりたいことなんだと思います。

――当時感じていたことを、もう少しきかせてください。

田瀬　たとえば道路はどんどん整備されて便利になったかもしれない

東京オリンピック←221

けど、僕はそれを「美しい」とは思えなかったんですよね。だってその前は道路っていうのは、縁石や側溝までちゃんと石で出来ていて、そういうのがまちだった。

(——「側溝や縁石はコンクリート製であたり前じゃない?」と思う人がいるかもしれないけれど……。写真を見て「行ってみたいな」と思うヨーロッパのまち並みや都市に、そのまちを形づくってきた古い建材が、いまもちゃんと残って使われている様子を思い起こすと、日本のまちの空間ディテールの更新ぶりには確かにすごいものがある。それが全国隅々、岬の先まで行きわたっている)

田瀬 日本じゅうが安いもので埋め尽くされてゆくというかね。新しくつくられるものほど安っぽいというか。そういう感じがすごくあった。

都心の歩道は昔はコンクリートの平板で、60年安保のときにデモ隊が割って投石にしたんです。そんなこともあって歩道はみんなアスファルトになり、追ってインターロッキングでしょ。「そんなの歩道に使わないでくれ」と思う。本来あれは、戦車やバスが停まるような場

インターロッキング
Interlocking Block
道路や広場の舗装に使われるブロックの一種。アスファルト舗装にくらべ透水性がある。19世紀末にドイツで開発され、第二次世界大戦後、レンガ舗装の代替として広がる。

所に使う建材なんですよ。

公園にしても「ここにそんな細かい砂利を撒かないでよ」と。「そういうのが公園じゃないだろ」と思っていた。

まちじゅうがそんな調子で、道路は道路行政、公園緑地は公園行政のそれぞれの標準仕様でやっていて、よほどのことがない限りそれを逸脱しない。100円ショップがいっぱい出来てゆくような感じで。感動しないじゃないですか。公園も道路も。

そんなところで子どもが遊んでいても、豊かな感じにはならないんじゃないかとずっと思っていて。


あと、その頃の東京の住宅地には、小さな印刷工場をやっている家があったり、内職の様子が見えたり、床屋があり金物屋があり。働いている人たちの情景が見えたんです。

でも八百屋や肉屋とか魚屋のような小売店もどんどんなくなって、近所に生業がなくなり、人が働いている姿が見えなくなってゆく。

身近にあったあたり前のものがどんどん姿を消していき、住宅だけがどんどん建って。それでコミュニティが出来るわけでもなく、ただ

石神井川のネッカチーフ染め、1935～45年撮影　練馬区提供

密集していったというか。

生け垣はブロック塀に替わり、「落ち葉がどうした」とかそんな理由で大きな木も伐られてしまって。焚き火のようなことも出来なくなり。生活のまわりの歳事もだんだん減って、季節感も薄らいでゆく。だんだん「ただ住んでいるだけ」という感じになってきて。

そんな喪失感を、小さな頃からずっと感じてきたんですよね。

――働いている姿が見えるのは大事なこと?

田瀬 働いた結果としてのまち並みや緑も大事だけれど、働いている人の姿もそうですよね。

緑地管理でいえば、最近よく見かけるのだと電気バリカンを持って、「今日は午前中に120mを一気に刈らないと」なんていう具合に作業してもね。そんなの、公園に来ている人たちにとって気分のいい世界ではまったくないじゃない。やり方が美しくない。

刈り込むにしても人が手でゆっくりやるというか。そういう光景があって、初めて都市というか、緑地の豊かさが生まれるわけじゃない。

ただ木が生えていればいいわけではないし。

意識のある仕事を

田瀬　設計後に用意する緑地の管理スペックを、僕はわざと難しくするんです。運営側に引き渡すガイドラインに、「帰化植物と在来植物の判断が出来る人でないと管理を任せてはならない」と書いたり。「バリカン使うな」ということまで書いたりする。

いや全部じゃないですよ。すごく具体的に「ここの部分は手で」というふうに書く。僕の場合、緑を単一種でなく複数の植生で混植するので、隣り合う緑の鋏の入れ方が違うんです。たとえば20種類くらいの木が植わっていて、望ましい手の入れ方が5タイプくらいあるとすると、これはAタイプ、これはBタイプという具合に印を付けて渡す。

在来種と多様性について←223

そんなことは職人さんならちゃんとやれるし、若い人だって一度覚えれば全部出来るようになる。「ここはこういう手入れで」と。するると逆に、管理費も抑えることが出来るんです。

――いつ頃からそういうふうに？

田瀬　最初の頃から。竣工するとすぐ「メンテナンスはどうすればいいんですか？」と訊かれるし。ガイドラインや説明書をつくらずに、管理会社が勝手に始めちゃったところを後で見に行くと、やっぱり変なんですよね。

緑地管理の多くは孫請けのような会社が安い予算でちょこっとやられるものだから、機械で一気にガーッと刈ったり、必要ないのに薬も撒いてしまっていたりするんです。

いまのたいていの管理スペックは「水やりを年に何回」とか「肥料は何度」「病害虫駆除は何回」と項目が決まっていて、それにあらかじめ予算を付けて委託されている。管理業務が固定化されていてそれをやらないと売上げに出来ないものだから、必要もないのに毎年刈り込みをしたり、順調に育っているのに肥料をやり過ぎてしまう。なんの意識もない管理が行われてしまう。

そういうのを、いっさいするなと。

「5年後、10年後にはこんな感じになる」と将来のイメージを伝えて、

「だから最初の年はこうしてくれ」とか、「こうするほうが薬も撒かなくて済む」「枝がたくさん出なくなります」「落ち葉は焼却ゴミに出さずにこんなふうに扱って」とか。

愛情を持ってやってゆくと、メンテナンスの仕事量はむしろ減るんですよ。結果的にコストも下がる。植物の状態を見て、必要な分の手をちゃんとかければ済む話なんです。

「そういうやり方だと年間の作業量が見積もれない」と思う人がいるかもしれないけど、ちゃんとした職人さんなら見積もれるんです。

――管理費は年ごとに違うはずだと。

田瀬　行政は嫌でしょうね。でもそこが大事なんですよ。ガイドラインの冒頭に「そもそも合理的な管理とは」とか書くわけです。

――難しい人登場（笑）、という感じですね。

田瀬　「本施設に愛情を注げる人がやること」と書く（笑）。そんなふうにプレッシャーをかけている。
なにより、仕事を出す緑地整備の担当者が木が嫌いだったり、「落ち葉が出ちゃう」とか「植えると剪定《せんてい》しなけりゃならないからなあ」という具合だったりして。すると「道路側には大きくならない木を」とか、そういうつまらない選択しか出来なくなってしまう。
逆じゃないですか。夏には枝葉を大きく伸ばして、秋には葉を落とし。夏に涼しくて冬に暖かいというのが本来の街路樹のあり方だと思う。

――管理コストをかけたくない気持ちはわかる。日本は人件費が高すぎるし。

田瀬 そういうことではないんじゃないかな。大きな緑地やビル外構の管理の現場は、むしろ末端で働いている人たちにお金が行かない仕組みになってしまっているんだと思う。
孫請けとかさせずに直接仕事を出しているところは、ちゃんと出来ていますよ。で、ちゃんとやりさえすれば、メンテナンスや管理はクリエイティブな行為なんですよね。

アクロス福岡の緑地管理←226

手間はかかるほどいい

田瀬　つまり僕が書いているのは業者さんを締め付けるためのものではなくて、発注者側にプレッシャーをかけるガイドラインなんです。少なくとも、自分が関与できる部分については「手を抜く奴のために手は抜かない」というか。

――「メンテナンスフリーで手がかからないほうがいい」と考える人は少なからずいるだろうけど、田瀬さんはそうではないと思っている。

田瀬「手をかけないと駄目だ」と思っています。メンテナンスは面倒くさいほうがいいんですよ。

愛情のかかったものは生みだしてゆく、関係を。それは年とともに、どんどん良くなってゆくからね。「年月をかけて丹精込めた」形になってゆくわけです。

ちゃんとした仕事なら、工事の人も、メンテナンスする人もみんなハッピーになる。難しい話ではなく、ただ無心にそれをやってるだけで維持されるし、育ってゆくものになる。本当に他愛なくというか、屈託なく出来るわけですよね。

そういう世界は、見ている側にも納得感があると思うんですよ。手をかけてゆけると職人さんも生き生きとしてくる。

季節ごと樹種ごとに、ぱっと見では気づけないような鋏を入れてゆくのは職人技で、そんな仕事を出来る管理スペックがあると彼らは喜ぶし、「やりたい」となるんです。職人はそういう仕事があることで育ってゆくものだし。

でもそんな発注が、どんどんなくなっているんです。

——人を育てる仕事がなくなっている。

田瀬　そう思いますね。

人がちゃんとかかわってやっていると、「毎年良くなりますね」とか「この木もずいぶん大きくなりましたね」と感想を漏らす人があらわれてきて、やっている人たちも鼻高々になるわけです。

でも「ここどんな人が住んでいるのかな?」と覗いてみたくなるよ

うな魅力的な場所は、東京のまちにほとんどなくなってしまった。

手間はかかればかかるほどいい。

やっぱり一つひとつ丁寧に誂《あつら》えているというかね。そういうものがないと魅力的にはなりませんよね。

個人の庭を設計をするときには、小さな苗木を植えて、木の名前が憶えられるように全部にラベルを付けておくんです。「育ってきたらこんなふうに枝を伐って」と住まい手に教えてゆくと、だんだん出来るようになるし、やりたくなってゆく。

そして3年もすると、緑全体がフワーッとしてくる。

時間を蓄積する空間

——田瀬さんの初期の仕事に、首都圏の「集合住宅」がいくつかありますね。

田瀬　SUM建築研究所の井出《いで》共治《ともはる》さんたちと一緒に、最初は神奈川県にある「藤が丘タウンハウス」をやりました。

集合することで、戸建てでは得られない、まとまった環境を内側につくりだそうというプラン。中庭をただの駐車場にしないで、車が出払うとそのまま芝生の広場になるような感じを目指した。34台の車をどう駐めるか、樹木をどう配するか、それらと上下水道などインフラの配管計画の折り合いをどう付けるかが問われたプロジェクトでした。たとえば中庭は車が通るところだけ舗装して、コンクリートの車止めも置かなかった。代わりに舗装と芝生の10㎝の目地をつくって。ハンドルを握っている人にはわかるじゃないですか。そのほうがいいだろうと。

いわゆる「道路」のディテールを使わずにやった。

そういう建材を使うことでスクラップ&ビルドにまみれてしまいたくなかった。時間が積み重なってゆく素材でつくらないと、時間を全部捨てるようなことになってしまうわけだから。

特に植栽を選ぶときは自立性の有無を大事にしています。

——その場所で無理なく自然に、時間を蓄積してゆけるかどうか。

藤が丘タウンハウスの一角

藤が丘タウンハウス
1979年竣工。2層のテラスハウスに囲われた中庭は、空が広く緑が柔らかい。セミが木にとまるように、各戸の車が居場所を得ている。

田瀬　ええ。

つづいてSUMと手がけたのは「ゆりが丘ビレッジ」という本格的な斜面住宅です。30度傾斜の山に、最大10層の平屋が積層している。各戸ごとに数10平米以上のルーフテラスが南西側に延びていて、3面開放。それぞれ平屋だけど、傾斜地なので奥の方は1階、リビングのある真ん中の部屋は2階、ルーフバルコニーは3階に相当している。

SUMの井出さんたちは、建物を外から見てつくらないんです。マンションのパンフレットの間取り図は、たいてい部屋の内側に向いてソファーや椅子が置かれているでしょう。でも彼らの仕事では椅子は窓の外に向けて置かれていて、すべての窓について、そこからなにが見えるかを想定しながら設計してゆく。「ここからあそこが見えて」「こっちには木があって」といった話を積み重ねながら、その細部を建築や造園のデザインに落としてゆくんですよ。藤が丘は34戸、ゆりが丘は82戸、その間に「平塚ガーデンホームズ」（131戸）もあるのですが、設計の過程でも1部屋ずつ全部チェックしてゆくんです。

「二つの棟の間に階段があって、上側の道路からもアプローチ出来る。エレベーターなどの昇降装置は維持費を含み高くなるので設けず、出来るだけ販売価格も抑えて。階段は下まで見通せると怖くなってしまうので、ところどころにパーゴラ（蔓植物をからませる日陰棚）をつけて、植物で目線をうまくコントロールしています」（田瀬）

30代前半のいちばん元気なときに、僕はびっちりこれをやっていた。団地の認定基準は平地につくるのが前提で、斜面に建てるものなんて相手にしていないから、通路の勾配がどうとか歩車分離がどうとか、平地の基準との闘いのような数年間。

独立して3年目の頃からかかわり始めて、最後のほうの2年間は自分の事務所は休業届けを出し、SUMに加わってじっくり取り組んでいました。

70〜80年代にかけて、多摩ニュータウンなどの開発と併行して都市の住宅を研究しデザインを競ってゆく気運があったんですよね。『都市住宅』という雑誌もあって。

ディベロッパーの志もあってのことだけれど、僕らがかかわった集合住宅の開発プロジェクトは「たくさん供給する」ことでなく、「いいものをちゃんと一つひとつつくってゆく」ことに注力していた。だから結果的に、時間の中で磨り減らない建物になっていますよね。

「ゆりが丘ビレッジ」は日本建築家協会（JIA）の2011年度の「25年賞」をいただきました。若い人たちにも人気があるようで、いまもなかなか物件が空かないらしい。

『都市住宅』
1968年から86年にかけて鹿島出版会から出された建築雑誌。初代編集長は植田実さん。

JIA 25年賞
「25年以上の長きにわたり、建築の存在価値を発揮し、美しく維持され、地域社会に貢献してきた建築」を登録・顕彰。

同じものが少なすぎる

田瀬　ルーフバルコニーの外側の手摺りには共通の樹種が最初から混植で植えてあって、部屋側に芝生を貼り、つづけて木のデッキになっている。そこまでは共通の仕様で、芝生の部分には住む人がいろいろ植え足しています。

集合住宅は80年代後半のバブル期から、マンションの時代というか、とにかく高密度に集積させてゆくほうへどんどん向かってしまって、それが建つことで周囲に住む人々を含んで豊かさを共有するというか、まわりの住環境にコミットすることが少なくなった。

日本のまち並みがバラバラな寄せ集めになってしまうのは、土地も人も細分化されてゆく流れが税制的にあり、さらにその上「隣と同じでは嫌」という人々の感覚もあるんでしょうね。

でもなにを見せたいのかな？　家の前を通る人たちや、まちに対して、自分たちが出来ることをなにか差し出すというか、そういう感覚

竣工から26年経過したゆりが丘ビレッジの、2012年夏のフサフサとしたテラスの風景。

がないんだろうか。隣と違うようにしたいということでは、ストレスばっかりなんじゃないかな。

もちろん、「こうあるべき」と建築協定を決めてやってゆくのも気持ちが悪い。自分なりにやる自由がありつつ、鳥や虫や植物くらいは同じ感じで馴染んでいて、フワッとしているのがいいと思うんだけどな。

日本は政策的に住宅づくりは民間に任せて、行政はインフラまわりしかつくらない。「道路やインフラ以外は民間で勝手につくれ」みたいなことになっていて、まち並みもへったくれもない。

新しいものしか価値がなくて、でもまた別の新しいものが近くに建てば、前に建っていたものの価値もすぐに煤けてしまう。

都会は本当にモザイク状態で、隣接する建物の建材も全部違う。住宅展示場がそのまま住宅地に移ってきているわけで、どの家もどこかで見たことがあるようなものばかり。植物も、これは九州から来たもの、これはイギリスから、こっちはアメリカから……という調子で埋め尽くされている。

結果的にどこもかしこも「らしくない」状態。みんな捏造品《ねつぞうひん》で。

「同じものが少なすぎる」んですよ。近くの緑地にはこんな植物が生えているから、家にも同じものを植えてみようとか。隣に立派なモミジがあったらそれに呼応するように木を選んで植えてみるとか。地域の主役に合わせてゆけば、あたりに自然と「その地域らしい」季節感が展開し始める。そして暮らしも、その場所らしいものになってゆく。

意識せず、自然にそれが形づくられてゆくやり方になっていないんですね。

その場所らしさを再生する

田瀬　イギリスは、まちづくりをした。戸建ての住宅に住むのは裕福な人で、多くの人は基本的に国がつくった賃貸の共同住宅で暮らしている。だからまちの景色は整っている。

アメリカだと、道路（車道）と宅地（個人の敷地）の間の芝生のところを舗装した歩道も含めて、個人の土地ではあるけれど往来出来る権利が認められている。地上権というか地役権というか、イーズメント（easement）といって、そういう不動産のあり方が社会的に設計されている。

家々の前を公共空間として持ち合っていて、そこを放置するとまち全体の価値が下がってしまうという意識が共有されているから、ちゃんと芝刈りをする。

住宅地でいえば、庭の手入れを一所懸命やっていたり、秋には菊を自慢したり、盆栽や生け垣を大事にしていたり。

そういう仕事の累積がそのまちの魅力を形づくる。

こうした一つひとつの細部を手がけている人が、まちを行き交うほかの人たちのことをちょっと想っていれば、決して好き勝手なものにはならないし、調和のある状態が出来てくるというか。そういうことだと思うんですよね。

これ（下図）は西沢文隆さんの『庭園論』に載っている平安京の街区割りの想定図です。土地の所有制度はいまと違うけれど一応宅地割りがあって、一辺125mくらいの1ブロックに、近くの湧き水から

イーズメント←228

『西沢文隆小論集2庭園論Ⅰ』（1975年、相模書房）からトレースされた、平安京の街区割りと遣り水の関係想定図。「JAPAN LANDSCAPE No.26」（1993年）に掲載。

引き込んだ水路が回されている。これは遣り水といって敷地をまたいで流れていたわけです。

こういうのが本来のまちの姿なんじゃないかと思う。

でもいまは境界線にがんじがらめになっていて、敷地をまたいで水を通すなんて出来ない。


けれど、植物は景色として繋がってゆくし、それを介して生態系も連続してゆく。境界を越えて「その場らしさ」を意図的にデザインする可能性が残されているのは、いま植物だけなんじゃないかな。ランドスケープ・デザインは、境界線を消すというか、解き放つというか、そんな仕事だと思う。

自分はこの仕事を通じて、「その場所らしさ」を、東京でいえば「東京らしさ」を再生するというか、そういうことをやりたいんだな。

かかわり方を知らない

田瀬 これ（次頁）は1980年5月5日の、毎日新聞・朝刊の漫画。東海林さだおさんの「アサッテ君」です。大学の授業でよく使うのだ

「アサッテ君」2050回、東海林さだお、毎日新聞 1980年 5 月 5 日朝刊より

けど、1980年代の日本の都市部を象徴しているというか、都市住宅論はこれで語れてしまうんじゃないかという傑作の8コマで。

4月、花見の時期ですよね。アサッテ君らの家族が庭で、ブロック塀越しに、隣の少し大きな屋敷の桜で花見をしている。彼は少し前の世代のサラリーマンで、お屋敷のご夫婦はそのさらに少し前のゆったりしていた世代。

アサッテ君の家の庭にはなにもないでしょ。植木鉢も伏せてしまっている。花を植えたりしたいけど忙しくて面倒をみきれなくて、結果的に枯らしてしまったんでしょうね。

で、このアサッテ君の家の敷地も、いまはさらに細分化されて半分以下になっている。東京はそんな状況だと思います。

隣り合って暮らしている人たちは、会社も違えば商売も違う。中廊下で繋がった昔の下宿みたいな集合住宅はほとんどなくなって、ワンルームの外廊下ばかりで、戸建て住宅も公団住宅もみんな細分化している。

多くの人が田舎から出てきていて、共通基盤のないバラバラの人たちが壮大に集積している。最初から、一種の巨大な限界集落みたいなものなんですよ。人はいっぱいいるんだけど、集落として成り立っていない。

たとえば、いま東京で人口が急増しているのは汐留や豊洲あたりで、新築の高層マンションに若い人たちが入ってゆく。でもそういう人たちってなにも生みださないでしょう。ゴミを出して排熱して、「保育園たくさんつくれ」と言っているだけで。

要するに「かかわれない」んですよ、まちに。風景にかかわれないというか。

——何気ないこと。ちょっとした楽しみであるとか、自分が住んでいる場所のまわりを良くしようという行為が、互いに見える形であらわれうるチャンネルがない。

田瀬 そうですね。やる場所もないし、やれる場所もない。

うちの近くにも児童公園があるけれど「犬を連れて入ってはいけません」と書いてあったりして、最初からコミュニケーションを拒否してしまっている。馬鹿げているよね。公園とか広場って、なんのためにあるんですかね？

管理が大変なら「行政では管理しません」と言えばいいのに。そうすれば完全なオープンスペースになって、まわりの人同士が話し合って「こんなブランコいらないね」と出来るのに。

機会や経験が足りないんですよ。「これからの社会づくりは参加型で」とか急に言われても、パブリック・マインドがまだ訓練されていないんですよね。「かかわる」ことについて。

そういうことに慣れていないから、大人のくせに「絆」とか「一丸になって」とか、ちょっとしたヒューマン・ストーリーにすごく感動してしまったりするんです。ちょっと子どもじみているよね。

でもそれは親の責任がどうこうという話だけでなく、まちや地域が、そういう空間になっていないんです。

かかわれる空間←230

〜マンションに人が住んでも、コミュニティが形成されるわけでもなく、あれは集合住宅というよりただの「住宅集合」ですよね。

なんのための集合化・高層化かといえば、それによって生まれる公共的な空間の質を高めて環境を良くしてゆくためであって。逆にそれがないとしたら、集合することの社会的な意味合いはほとんど失われる。

むしろ、都市の環境に負荷ばかりかけてゆく。

その一例が首都圏のヒートアイランド現象で、建築研究所が『東京ヒートマップ』という非常にシリアスなドキュメントを公表しているけれど、「じゃあなにが出来るか?」となると、「ベランダにゴーヤで緑の日陰をつくろう」とかいう話が出てきて、小学生相手の教材屋がすぐその道具立てを用意して、問題はすり替わってしまうわけです。

——人がお金を払いうるものはすぐ商品になり、結果的に人は消費者どまりになってしまって。

田瀬　もうひどいよね。手足をもいでおいて、「住民の意識が低い」とか言われても、本当に迷惑だと思う。

東京ヒートマップ
独立行政法人建築研究所が作成。2005年7月31日午後2時の東京23区の、地上2mの気温状況を可視化。東京が埼玉側に熱風を供給している様子が克明にわかる。

公共空間のあり方

――機会がないから意識も育っていない。田瀬さんの意識は、どこで形成されてきたんだろう?

田瀬　そうですね。僕は都立大泉高校の出身で、あそこは都立高校の中で一番か二番目くらいに敷地が広いんです。当時5haくらいあったか……もっとあったかもしれない。野球部とサッカー部とラグビー部が一緒に練習できるような広いグラウンドで、そのまわりは桜並木。さらにそのまわりはお茶の茂みで、境界の生け垣の役目も果たしていたんです。グラウンドと外を区切るフェンスや柵はなくてね。生垣を抜けて入ってくる踏み分け道がいくつかあって、自由に出入り出来ていた。そんな学校だったの(笑)。

体育祭とか文化祭で、夜のファイアーストームやフォークダンスをやっていると、みんな自由に入ってきて一緒にやって。

――広場ですね(笑)。

田瀬　近所の人が、どこかから入ってきて野球部の練習を見ていたり。グラウンドには適当に雑草が生えていて、夏場は体育の時間に草取りをさせられたりしてね。

そんな学校だったんだけど、最初の会社に勤め始めた頃、まだ石神井の実家に住んでいたんですけど、ある日「学校関係者以外入ってはならない」と周囲を高いフェンスで囲んでしまったんです。グラウンドの土にもマグネシウムとか入れて土壌改良しちゃって。まわりに住んでいる人たちにとってただの騒音源、ただ埃を飛ばしてくるだけの場所になってしまってね。

私立ならともかく、都立校のあり方としてそんなの駄目だろうと。教育委員会による学校の私物化は許せない、と思って。

固くなってしまったグラウンドに草を生やしてやろうと、オオバコの種を集めて播き始めたんです。

休みの日に野球のスパイクを持って忍び込んでね。

グラウンドの土を踏んで少し土を耕して。「公共が私物化したものを、民間人が公的な状態に取り戻す」という発想で3年くらいつづけ

オオバコ
大葉子。日本じゅうに分布する多年草。踏みつけに強く、道路ぎわなどでよく見かけられる。

た。花の種もいろいろ混ぜてね。
まわりは随分出ましたよ。サッカーのセンターサークルを緑にしようと頑張ったのだけど、グラウンドの真ん中は発芽条件も過酷で、土壌安定剤も撒かれているものだから難しかった。

〝公共空間のあり方〟は、僕にとってずっとつづいているテーマなんです。「公共空間は地域に開放されているべきだし、個人が自由に使えるべきだ」という気持ちが随分前からあるんですよ。
それが叶わないなら、ゲリラ的にでも獲得しようというか。
20代後半に独立して自分の事務所に付けた「プランタゴ」という名は、校庭に播いたオオバコの学名です。

――取り戻したいのは緑そのものではなくて、それを通じて共有される空間の豊かさや意識、パブリック・マインドだと。

田瀬　たとえば、下町の家々の前に発泡スチロールのトロ箱で見事なガーデンが出来るじゃない。あれを手がけている人たちを、「この東京をどうしてゆこう？」という公《おおやけ》の問いに繋いでゆくものがない。

「共」的な空間のあり方←233

個々の楽しみと公の間を繋ぐ、知的なノウハウが出回っていないというか。その部分の洗練度がすごく低いというか。教育されていないし、経験していないというか。

この一点だけのような気がするんですけどね。パブリック・マインドがトレーニングされていないんですよ。

ランドスケープをデザインするというのは、緑をきれいに配置することではなくて、人々がパブリック・マインドを獲得するきっかけづくりに繋がっていないと、やっても面白くないと思う。

これからの東京

――東京にどんな状況が訪れると考えていますか？

田瀬　昔の23区の内側の旧住宅地が、だいぶ老朽化していますよね。住んでいる人も限られているけど、相続等で継いだ人たちがそれを建て替える方向には行かない気がする。

大型の直下型地震も起こると言われているわけだし、空き家が多少整理されて更地になったところで、すぐには建て替わらない。いろいろな不祥事が起こると思います。孤独死も増えるでしょうね。古いビルは木造住宅のようには壊しようがないし、借り手もいない。沿道の小さなビルの放置状態が相当長びくんじゃないですか。で、いったん放置されると使い物にならなくなるので、ビル問題はすごいことになると思います。

宅地は少しずつ空いてゆくと思う。土地があっても持っているだけ負担、というような状態に次第になってゆく。「将来的に高く売れる」という理由で保有している人も、もういないでしょう。仮に土地の値段が下がらなくても、少なくとも貨幣経済的には、お金に替えられない限り意味がない。

個々の土地は、いまのままではなにも生みださない。細分化していて、まちという単位で価値を持ちえていないわけだから、資産価値はどんどん下がってゆくと思う。

で、ただ持っているだけでは価値が生じないのだから、隣地と繋げて広げてゆくことで、新しい利用価値を生みだしてゆくしかない。空いた土地を統括する新興ディベロッパーというか、新興地主のような存在が出てくると思います。

その仕事を手がけるのはアメリカや中国なのか、日本の資本なのかわからないけれど、多量な資金を持っているところが保有する土地を民間で増やし、それを元手にビジネスを起こしてゆく。新手の地上げというんですかね、そんな動きが起きてくる気がする。

――そのポジションを民間でなく、東京都やURのような主体が担ってゆく可能性は？

田瀬　むしろそのほうがいいでしょうね。URにとっても、そのほうが存在意義があるし。相続税の徴収形態として土地の物納があるけれど、そういうのと一緒にすれば進めやすいと思う。

土地は公的機関が保有するほうが本来だし、転売しないでまとめて使うのがいちばんいいですよね。あればあるほどいろいろな計画が描きやすくなるわけだから。公営施設や公営住宅、公園等を計画しながら、防災都市を整備してゆくとか。

UR
独立行政法人都市再生機構。市街地の整備改善や賃貸住宅の供給支援、UR賃貸住宅（旧公団住宅）の管理を行う、国土交通省所管の独立行政法人。

――民間がやるにせよ公共セクターが扱うにせよ、「東京に新たな公共空地が量的に生まれるだろう」という見通しですよね。

田瀬　東京に求めるものは、もうそれしかないんじゃないかな。いまは「私的なもの」で埋め尽くされているわけだけど、空間がどれだけ空いてくるか、空けられるか。

このまちの未来は、どれだけ安全で、気持ちよく快適に暮らせるまちに出来るかに尽きると思います。それは公共の空地において、いろんなかかわり合いや、コミュニケーションがちゃんと交わされるかどうかにかかっていて、そのためには空間を空けてゆくしかない。計画的にどんどん駅前を空けてゆくとか。

――現時点の日本では、国有地以外の土地はおおよそ個人ないし特定の法人格の所有物になっている。そこにパブリックな意識が宿ってゆくには、土地の所有形態が法律レベルで見直されるとか、あるいは国のOSが丸ごと更新されるような機会が要ると思います。

けれど別に戦争も敗戦も大災害も望んではいない。するとこれまで

東京の緑地の歴史←235

OS
コンピュータのオペレーティングシステム。アプリケーションが機能するための、基本的なソフト環境。

の法律や所有制度は変えないまま、上になにかもう1枚レイヤーがかかってくるような形でことが進むのでしょうか?

田瀬　たぶん税制改正なんでしょうね。個人の所有物だった不動産を、私有地でありながら公有地や公的な土地として活用してゆくには、税制が変わる必要がある。

　あるいは別の土地と交換しやすくなるとか、そんな動きを実現する国策が要ると思います。

――国単位でなく自治体単位でも始まるんだろうか。市とか県とか。

田瀬　出来るでしょう。固定資産税そのものは国税だから勝手には変えられないけれど、自治体の首長がその気になれば、具体的な前例をつくってゆくことは出来ますよ。

　オープンに議論してゆけばいいと思う。たとえば制度そのものを国際コンペで再検討するとかね。そんなことをやらかしてゆけば出来る気がする。

東京は出先くらいのつもりで

田瀬　遠野の話に戻ると、同じような状況は、既に地方でも顕在化しているわけです。市役所の財政課の人と話していても、「手に負えない土地が年々増えている」「このままではわからなくなってしまう」と漏らしている。

相続がうまくゆかないまま、代をまたいで所有状況が混迷している土地がたくさんあって、時間が経てば経つほどますます誰にも手のつけようがない。

そんな土地が日本じゅうで増えている。

所有者がわからなくても、住んでいる人が不在でも、社会が土地を利用してゆけるやり方を早く実体化させてゆかないと。という話は、役所の人と話していても顔を覗かせるんです。

地方行政はみずから政策を立案しなければならないような局面にたぶん来ているので、「もう既にこんな実例を形にしている」と宣言してしまうほうがいいんじゃないかと思うんですよね。

遠野のクイーンズメドゥでは、それをやっている。

自分たちが所有している土地があり、そのまわりに借り増してきた土地があり、借りてはいないけれど通行や地上の利用を許してもらっている土地があって。馬は所有権の境界線をまたいで、自由に行き来し始めている。

敷地がどう区画され所有されていようと次の世代の活用が可能になる。そんな制度がいずれ出来るだろうから、それを前提に進んでゆけばいいと思いながらやっているんです。


東京で起こっていることも地方の中山間部で起こっていることも、土地についてはある意味同じだと思いますよ。

最近そう確信した。

東京のそれはもっと細分化していて、立派なものとうらぶれたものが混在しているわけだけれど、起こっている事態は全国均一で、同じマインドで取り組まない限りどっちも出来ない。


でも、これからしばらくの間は東京は駄目だなという思いがある。

生まれ育った場所だし、ここまで愛したんだけど、もうちょっと気

中山間部（中山間地域）
平野の外縁部から山間部の土地。日本は山が多く、こうした地域が国土全体の7割を占める。

持ち悪いな……という感じがあります。

——それは、今後の震災や低線量被曝のことなどとは関係なく？

田瀬 ないです。そういうことではなくて。

景気が悪くなり、人が減って、東京ももう少しスカスカになって、その空き地をまとめて都市を造り直してゆくような動きが生まれてくるかと思っていたけれど、まだそのタイミングではなさそうです。部分的に良く出来るところはあるかもしれないけれど、郊外の壮絶さはどうにもならないし、東京全体としては大きすぎる。いまこの都市で一つのプロジェクトに出来ることは本当に片鱗でしかない。「都市」として本当に手の施しようがあるんだろうか？　という気持ちが正直ある。

だから少し身軽になって、東京はむしろ出先くらいのつもりで。遠野のほうを日常的な拠点にして、都会の人たちが羨ましく思うようなことをやっているほうがランドスケープ・デザインのためにもなるんじゃないかなということを、ここ最近は思っているんです。

いまの社会の状況は、ただごとじゃないと感じています。誰も彼も、限りなく「手間をかけたがらない方向」に向かっていて。

でもその人たちに手間をかけさせるというか、それぞれが自分にとって「本当のこと」をしてゆかない限り、なにも力を持ちえない。

僕はいま遠野と東京の両方に身を置いているからわかるけれど、本当にどっちも限界集落ですよね。どっちもどっちですよ。

で、どっちか片方だけやっていても、どっちも解決しない。両方やることで初めて、都会のことも田舎や地方のこともできる。そんな気がするんです。

他愛のないことの積み重ねが価値を持ってゆく

田瀬　とはいえ状況自体はますます東京への一極集中で、仕事も人も東京に集まっている。

そこで目に入るのは、日に日に変わるもの、より新しいものができた途端に価値を失いつづけてゆくようなものばかりで。

そんな東京ばかり見ていても、ますます「なにをすればいいのか」わからなくなってしまうんじゃないかな。

――東京にいてこの状況にため息をついていても、「どうしようもない」という諦観が強まるだけ。

田瀬 その対極を示さないとね。東京であれ田舎であれ、自然・文化・歴史を併せ持った営みを生業に出来るような世の中になってゆかないと、面白くないでしょう。

それには自分たちの基準を持たないと。

たとえば同じお金でも、画面を見ながらデイトレードで稼いだそれと、田んぼや畑で実らせたもので稼いだそれでは違うのだから。

そういう闘い方があると思います。

自分の価値観に素直に生きてゆくという。

日に日に変わることではなくて、変わりのないこと、他愛のないことの積み重ねが価値をもってゆくんだ、ということを東京に向けてそ

ろそろ本当に見せつけたい。

多少ドン・キホーテのような（笑）。端から見たら、空想の相手と闘っている、ただの夢物語かもしれないと思うこともあるけれど。

「東京と遠野のどっちにしようか」という選択肢の立て方はもともとない。でもあとしばらくは、遠野にいる時間のほうが長くなるんじゃないかな。

まあそれくらい本気なんです。１００歳まで生きるとして、あと30年ちょっとある。


――自分自身のマスタープランは？


田瀬　人生のマスタープランはないです。そういうの立てたことない。それは成り行きというか、なるようにしかならないというか。

なにも思い通りにはならないですよね。

ただ「自分はああしてみたい」「こうしたい」という、「したい」ことが、なににについて多いか？　というくらいの話だと思います。思い通り、計画どおりにやっている感じではないですよ。仕事も人生も。

――考えやコンセプトはあるけれど、それは大きな補助線というか。

田瀬　そうです、そうです。クイーンズメドゥの「住宅100棟・馬1000頭」の構想図にしても、本当に大きなモンタージュというか想定図にすぎない。

実際のところは、日々いろいろ生じる課題を解決するための、ディテールの積み重ねですよね。

Photograph | Nao Tsuda

Autumn 2012 – Winter 2013

3

田瀬理夫さんのあり方、働き方

私たちが毎日くり返している、ごく他愛のないことの積み重ね、つまり生業や暮らしのディテールこそが文化であり、それが景観（ランドスケープ）をも形づくる。

であるなら景観をつくろうとするのではなく、まず人の営みを形にしよう。風景の中に人が居つづけられる状況をつくってゆこう、という田瀬さんのアプローチは明快で、自分には腑に落ちる。

その彼の仕事は、どんな働き方や、それを支える考え方やあり方によって成り立っているのか。そもそも田瀬さんは、どんな経緯でランドスケープ・デザインの仕事にたずさわっていったのだろう？

変わってゆくこと自体が意味

田瀬　高校生の頃には、造園の仕事が面白いんじゃないかと思っていました。

僕が石神井に移ったばかりの頃、あたりはまだ原っぱで、そこにどんどん家が建ってゆく。それをよく見にいっていましたよね。大工さんと一緒に焚き火にあたったりして（笑）。

見ていて「面白いな」と思ったし、ものをつくる仕事というのは、いろんなことが出来るんだなと思った。特に庭だとか。

それで大学に進むときに調べると、造園学科は国立だと千葉大学にしかなかったんです。

――約40年前。その頃たぶん造園は、デザイナーというより職人さんたちの世界ですよね。

田瀬　まあそうですね。造園学科は造園家の子弟とか、公務員や学校の先生になる人が行くところだったんじゃないかな。特に千葉大に来るのは役人になるような人がほとんどだったと思う。

現役生のときどういうわけか千葉大をすべってしまって、早稲田大学の地球物理に入ってみたけど「やっぱり面白くないな」と思って夏休みでやめて、翌年千葉大に入り直しました。

当時は学生運動が盛んで、静かに勉強するような時代でもなくてね。4年生の前半までずっとヨット部に所属して、学校にいた日数は1年の3分の1くらいだったと思います。とはいえまあ勉強もして。庭だけでなく建築も学び。4年生の前半は都市計画の研究室に入って。

でも先生とうまくいかなくて、追い出されちゃいましてね（笑）。

後半は植栽学という、当時まったく人気がなくて学生数もスカスカの研究室に入った。そこにいた先生に「ご自由にやりなさい」と言ってもらい、造園史の卒論を書いていました。

古代から現代までの造園を通史として一気通貫《いっきつうかん》するには、対象を絞らないとならない。そこで様式ではなく「植物の扱い」という観点から、「刈り込み」に絞り込んだ。

京都や奈良に行き、上野公園の東京文化会館とか駒沢公園とか芝の増上寺の大刈り込みも見て。

たとえば小堀遠州がつくった頼久寺《らいきゅうじ》（岡山県）の庭園を見ながら、「400年前も同じだったかなぁ」と思ったりするけれど、違うに決まっているわけです。それで、「変遷してゆくこと自体が庭園の意味なんだ」という感覚を持つようになっていったと思う。

形にこだわってデザインするのではなくて、変わってゆくこと自体が庭園の意味なんじゃないかと。時間を一気通貫したときにそんなことがわかったというか、感じたんですね。

小堀遠州（こぼり・えんしゅう）1579〜1647年。安土桃山時代から江戸時代前期の大名、茶人、建築家、作庭家。

知らなくても、伝えれば出来る

田瀬　デザイン事務所を開くつもりでしたが、まずは建築設計事務所に就職しようと思い大手の設計事務所に話をききに行ったんです。

そうしたら、そこの常務と部長がそれぞれ面接してくれて。「来たけりゃ来るといいけど、勉強にはならない」と言われたんですよ。「ランドスケープの設計の仕事はある。でも自分たちの組織に出来る人はいまはいないので、外部の優れた才能とコラボレートすることになる。だからあなたがいても、その頭越しに仕事が進む。指導したり一緒に働く人がいないので勉強にはならないだろう」と言われて。

それで、「造園のことがちゃんとわからないと駄目なんだな」ということがわかった。

職人の技術や植栽や工事のやり方。そういうのを手っ取り早く習得したい。それにはどこがいいかと先生に相談したんです。「東京でいちばんいい造園施工会社に入りたい」と頼むと、「あなたここに行きなさい」と富士植木を紹介してくれた。

富士植木
1849（嘉永2）年創業。造園工事・緑化工事の企画、設計、施工請負や維持管理など、庭まわりの仕事を担う老舗的存在。

1973年に卒業して、まあ3年くらいのつもりで富士植木に入りました。でもやっぱりすごく良くて結局4年間いたんです。当時は造園の職人さんもいっぱいいいたし、新入社員だったけれど大きな仕事を任せてもらえて。

上野公園の地下に京成上野駅がありますよね。あの拡張工事を任されたんです。西郷さんの銅像の下から土を全部掘り出して、オープンカットで駅をつくって、もう一度土を戻す大工事。公園の木は移植して保管しておいてあとで戻したり追加で植えて、水の流れをつくったり……というのを設計から現場まで、4年間やらせてくれたんです。

この仕事で、やっぱり中に入り込まないと微細な部分はわからないな、とすごく感じました。

たとえば造園のディテール、というか工事の質は、職人さんの気分によってすごく変わるんですよね。来ているのは同じ職人さんでも、棟梁が変わると、「今度の仕事は」という感じでまた変わってゆく。

造園的な工事は富士植木の設計施工で、駅舎はゼネコンのJV。僕は新人でなにもわからないけど富士植木側の所長のような形で現場に

JV
ジョイント・ベンチャー
一社で請け負いきれない大規模な工事・事業を、複数の企業が協力して請け負う形態。

入っていて、わからない部分について「こうしたいのだけど」と訊くと、ゼネコンの主任レベルの人はちゃんと話をきいて、応えてくれるんです。わからないことがあれば調べてもくれて。
　立場が良かったというのもあるけれど、僕はその中で「自分が知らなくても、やろうとしていることをちゃんと伝えさえすれば出来る」ということを、わりと早めに知ったんですよね。

トップレベルの技術者と働く

——人工地盤上の植栽設計のノウハウが、造園会社に普通にあるわけでもないだろうし。

田瀬　なにもわからないですからね。だから少し遡って事例を調べて、渋谷の宮下公園を設計した伊《い》藤邦衛《とうくにえ》さんにも会いに行った。先にやっている人に直接話をききに行くのは厭わなかったですね。
　行くと彼らは、「よく来たね」という感じで。図面を見せて「こんなことやろうとしているんですけど」と訊くと、むしろ喜んで応えてくれる感じがあった。

宮下公園
渋谷、JR山手線と明治通りに囲まれた細長い形状の公園。1964年に人工地盤化した現在の形になり、「東京初の空中公園」として話題になったという。2020年に「ミヤシタパーク」としてリニューアル。

自分の仕事は、技術者によって支えられてきた部分がとても大きい。それもすごく優秀な、「超」のつくような人たちに。たとえば「ゆりが丘ビレッジ」のときも構造設計者がもうトップレベルの人で。

考え方が全然違うんですよ。そういう人がチームに入るだけで、設計やデザインもまったく違うものになる。

彼らは「こうしたいんだけど」という考えに対して、「こういう方法とこういう方法がある」とすぐに答えてくれるし、わからないことを尋ねればどんどん教えてくれる。「じゃあこう出来ないか?」といったやり取りが、なんというか、ふさふさと出来る。

――ふさふさと(笑)。

田瀬 要するに、こっちがなにも遠慮することなく訊ける。法規制や条例や指導の障害もすぐに見抜いて、「ここまではこうしておいて」「こうすれば出来るよ」と条件をつくってくれる。すると初めてデザイン出来るようになる。

そこのところでわからないまま、「平気かなぁ」とやっているとなにも出来ない。

トップレベルの人との仕事は、先入観や制約なしにやれるんです。そういうチームだと仕事がすごく楽しく出来る。彼らとやってゆくと、なんかこうどんどん広がってゆく感じになる。

その人たちの存在は、自分で探しだして求めていきました。「知らない」ことは全然恥ずかしくなかった。なにも訊かずに、わからないでいることのほうが腹が立つというか。だから訊きまくっていましたね。

わからない本を読む

——必要なことを現場で学ぶ。そしてトップレベルの人たちに会いにゆく。ほかにどんな学び方をしますか?

田瀬　図書館によく行くんです。それも読みたい本を借りにいくんじゃなくて、「どういう本があるか?」を知るために行く。たとえば農業でいえば、「稲の○○虫を防ぐにはどうしたらいいか?」と克明に書かれているものや、こと細かに細分化された本がいっぱいありますよね。そういうのはね、ときどき見にいくんです。

――書店でなく図書館へ。

田瀬 揃っているでしょ。昔の本もある。それで「こんなことをやっている人もいるのか」とか「こんなことが必要なのか」と。

読みだすとキリがないので読まないいんだけど、「こんな本があるのか」と内容にバーッと目を通す。表紙ばっかり見るような感じで。

――地図をつくるような作業?

田瀬 うん。「こういうことが研究されている」と。あと、なんのためにそれをしているのかを理解しておく。そこまででいい。で、なにか1冊「これはいいかもしれない」という本にめぐり会ったら、それは徹底的に読むわけです。ちゃんとした本は後ろのほうに参考文献が書いてあって「こんな本もあるんだ」と思うけれど、深入りしない。必要になったときに読めばいい。でもその本自体は、何回も読むんです。

切実に思うことですよね。「わかりたい」って。「これはぜひ！」というものにめぐり会うまでは、結構努力したほうがいいですよ。

それは探さないと、と思います。

探して見つかったら、ちょっと途中で嫌になっても読破する。するとわからなかったことがわかる気がしてくるというか、少し地平が広がるというか。糸口が見えてくると、グッと面白くなるんです。

だから最初は「面白くない本」ですよね、そういう本は。「面倒くさい本」（笑）。読み物として書かれているわけではないから。

たとえば『環境保護とイギリス農業』という本は何度も読んでいるのだけど、法律用語がいっぱい出てくるし、制度がどうして何年にどうこうって、事情がわかっている人でないと読めない。

でもわからないところは飛ばしていいんです。とにかく何回も何回も読まないと駄目。


『環境保護とイギリス農業』73頁参照。

――その世界に馴染んでゆくということ？

田瀬　そうだと思います。登場する専門知識や法律をいちいち理解しようとすると躓《つまず》いてしまって進めないので、スピードラーニングのようなつもりで一回ザーッと読んで、何度もザーザーやっていると、だんだんわかってくるというか。

同じものをくり返し流すのは大事なことです。違うものをザーザー流していても絶対学習にならない。同じものがザーザー流れないと身に付かないというか、ちゃんと理解出来ない。

――読みたいけれど面白く書かれているわけではない本。知りたいんだけど面倒くさい本。

たぶんそうなんですよ。自分が「突破しなくちゃ」と思っていることは、たいていそんな簡単なものじゃないですから。面倒くさいんです。関連するものはすべて。

それでも、やっぱり本の力はあると思う。

誰かが膨大な時間を投じて研究して書いているわけです。いい本からはそのエネルギーが伝わってくるから。僕は『環境保護とイギリス

『緑化土木――環境系の形成技術として』斎藤一雄、森北出版、1979年

農業』は何度も読んでいるし、座右の書の一つは斎藤一雄さんの『緑化土木』ですよね。もう何度も読んでいる。

全文を通してではなく、その都度必要なところを読んでいる。困ったときにちょっと読むことの出来るそういうものを見つけるのは、すごく大事なことだと思います。

会わないとわからない

——2005年の『新建築』誌で、ザイオンというランドスケープ・デザイナーに会いに行ったときのことを書かれていますね。

田瀬　ザイオンは、ニューヨークの「ペイリーパーク」という素晴らしいポケットパークを設計した人です。

マンハッタンに事務所を開いていたけれど、「ランドスケープ・アーキテクトがニューヨークで良い仕事をするなんて不可能だよ！」と言っていて、いつの頃からかニュージャージーの古い水車小屋を直して事務所ごと移転していた。週休3日で、馬とか豚を飼いながら、自分で圃場《ほじょう》をつくって造園樹木を育てて、敷地を広げて開発から環境を

ロバート・ザイオン
Robert Lewis Zion
1921～2000年。アメリカの造園家、ランドスケープ・アーキテクト。

ポケットパーク
Pocket park
ベスト（洋服）のポケットのように小さな公園の意味。ニューヨークの「ペイリーパーク」（1967年）がその始まりと言われている。写真は冬のペイリーパーク（ウィキペディア・コモンズより）。

守ってゆく生活を、60歳前後の頃からしていました。

「会ってみたいな」と思っていて。すごく人見知りする方でしたけれど、訪ねてみたんです。なにか訊きたいことがあるわけでもないのだけど。「豚とどう会話しているのかな」みたいな感じ？（笑）

行ってみると、友だちからもらった450kgくらいの巨大な豚を放牧していて。「オスカー」と「マイヤー」という名前を付けて、「おぉー」とかなんとかやっていて（笑）。

そういう感じは、やっぱり会ってみないとわからない。彼は自宅からその事務所まで馬に乗ってきていてね。そういう日常性が、デザインに繋がっているというか。

日常性と、社会性と、地域性の三つがデザインの中に揃っていないと駄目なんじゃないかと僕は思っていて。

中でも〝日常性〟がいちばん大事だと感じているんです。

ザイオンにはそれがあって。

「会ってみたい」というのは、まあそれを確かめてみたいという感覚。やっぱり会わないと、こういうのはわからない。

オスカー・マイヤー
Oscar Mayer & Co.
米国の食肉加工品ブランド。

ワークショップ・スタイルで

――1977年に事務所を開いてからずっと田瀬さんは、小さくて、独立的な形態で仕事をしてきたんですよね。

田瀬　所員は抱えない形ですね。スタッフらしき人がいちばん多かったのは始めて2年目か3年目。筑波研究学園都市がまだ基盤整備をしていてその公園や緑地をやっていた頃、僕のほかに3〜4人いたかな。

でもプロジェクト単位で、たいてい僕と、あと秘書のようなアシスタントが1名という形でした。だから仕事の大きさと事務所の規模は、僕の場合は関係ないんです。プロジェクトごとにチームをつくって進める。そういう意味で「ワークショップ・プランタゴ」という名前を付けた。

人を増やしてゆくと、給料を稼ぐための仕事をしなければならなくなる。でも必要なときには応援を頼めばいいし、基本的には自分一人が一つの仕事をやっていけばいい。だからいつも身軽にしておく。

いいクライアントがいつもいるわけじゃない。せっかくいいクライアントに出会って仕事に取り組めるのなら、丸ごと尽くすくらいの気持ちになれたほうがいいし、そうしないといい結果も出てこないわけだし。そこに事務所を回すための仕事も入ってきてしまうと、そういうふうに出来ないですよね。

一つのプロジェクトを始めるとバーッとそれに集中して、5〜6年かかってもやる。

公園とか住宅地開発のようにプロジェクトの規模が大きくなればいろいろな才能が必要だから、そういうときはちゃんとプロに参加してもらうやり方をするべきだと思ったし、どうせやるならトップレベルの人と付き合わないと面白くない。

でも所員を抱えると、いる人の力の範疇の仕事しか出来なくなる。建築の構造設計にしたって木造と鉄骨では全然違う。よその設計事務所を見ていてもすごく非効率だなと感じたことがあったし、そういうのはクリエイティブでないなと。

「このプロジェクトにはこういう才能が必要だ」「こういう専門性が要る」と探し出して参加してもらう。そういうふうに始めたんです。

最初にやり方を提案する

――個人でやってきたとはいえ、仲間は多い雰囲気ですよね。

田瀬　すごい多いですよ（笑）。

学生の頃から先生に「おまえは図面は汚いし、作品もボロボロだし」と言われていて、コンセプトにしても「君の考え方は素人だね」とボロクソに言われていた。でもまわりを見ると、きれいに図面を書ける人はいるし、ロジックをまとめるのが上手いやつもいる。そういうやつがいるんだから平気だと思ったんです。頼めばいいやと。

自分に出来ないことについて、出来るようにならなくちゃいけないとは、あまり考えたことがないんです。事務所のあり方についてもそうで、「こうするもんだ」とか「これくらい人数がいなきゃ」とか「こういう資格を持っている人がいないと役所の仕事は出来ない」とはあまり気にしないでやってきた。

それよりも、「誰がどんなことをやっているか」ということのほうに興味を持ってきました。

――自分になにが足りないかということに、それほど興味がないんですね。

田瀬　それはすぐにわかるじゃない。「こんなこと、とてもじゃないけど出来ないよ」って（笑）。プロジェクトを始めるとき、自分のところで出来ないことや作業を抱えたくないことは最初に宣言するんです。「ＣＡＤ図面の作成は別途です」とか。丸受けしないで、「こういうやり方でいいですか？」と確認をとってから始める。やり方を最初に提案するんです。そういうふうにしているので、基本的にはどれもハッピーに終わる。役割とやり方がちゃんと決まっていれば、仕事は楽しく出来るんじゃないかな。

前例を用意しておく

田瀬　で、進めてゆくと今度は、「事例は？」「前例はあるのか？」と、くり返し訊かれるわけです。「まだないから意義があるんだろう」と思うけれど、それでは納得してもらえない。

そういうときに「これがありますよ」と出せる事例を一つでも先につくっておくと、話は簡単なんだなとわかった。期間の長い仕事は進んでゆくのにも時間がかかるので、その間に個人の住宅とか小さな案件をやり、そこで小さな前例もつくっておくという巧妙なやり方になってきたのは、ここ15年くらいですかね。


前例問題は「アクロス福岡」（13頁写真参照）の設計時にも大きくて。まず人工土壌。その施工例はメーカーにいっぱいあった。その上で、まったく同じ仕様の2梁分の実寸モデルをつくり、計画どおりに植栽して、そのまま水もやらずに2年間放置しました。

たまたまそれが93、94年で、福岡は大渇水だった。40日間無降雨という期間があったのだけど植物たちは問題なく生き延びて。土の性能や植栽については、その実証実験でハードル突破という感じ。


次は、複数種の植物の混植について。

また「その前例はどこにあるのか？」という話になる。修学院離宮の大刈り込みがありますから、「３００年も維持されているものがあ

1993年。設計段階でつくった、アクロス福岡の実寸モデル。面積は百分の一。人工地盤や土壌、植栽の実証評価を2年間行った。

りますよ」と答えたけれど、県の人はびびってしまって「田瀬さん。その名前だけは出さないでほしい」という感じで。

修学院の名前が独り歩きして、もし失敗したときのことを考えると、恐かったんじゃないかなと思う。でも、最初のコンペのプレゼンのときにその提案をして始まっているわけですからね。

実寸モックアップで重ねてきた実験もうまく行っているし、本体工事が始まって、6階から混植の植え込みを始めていったんです。で、そこで県の役人にすごい怒られてクビ寸前になったんですよ。

みんなの仕事を台無しにしない

田瀬　コンペのときにいた役所の建築の課長が、工事が始まって1〜2年別の組織に行っていたけれど、室長として戻ってきたんです。そして現場の植栽を見て、「最初に話していたのと違う」とか言い始めちゃって。「俺が言ってたのは市役所のイヌツゲの刈り込みのようなものだ。そういうふうにするって言ってたんじゃないのか?」って。すぐにその報告が入ってきた。

「そんなの聞いていないし、2年間モックアップで実験もして、みんなで承認を交わしてやってきているんだから、いまごろそんなことを言ったって駄目だ」と戻したけど怒っちゃってね。事業主の担当者、役人、ゼネコンのスタッフ、造園会社の人たち40人くらいを引き連れて、その室長が現場に来たんですよ。

で、既に植栽工事を終えた6階に立って「駄目だ」なんて言うから、僕は大笑いしたんです。「わははは」って。「そんなこといま言われたって駄目だろう」って、みんなの前で。『お前が県の課長か室長か知らないけど、そんな理不尽な話は通らないよ』という意味を込めて笑い飛ばした。

だって他に返しようがないものね。「自分のイメージと違う」って言ってるだけなんだから。

それで、もうその場で工事が止まっちゃった（笑）。

――危ないところですね。

田瀬　本当に。すぐに日本設計の副社長さんが飛んできて「田瀬くん。なんか妥協出来ないのかね？」と訊かれて。「いや、妥協なんてどこでするんですか?」とか言って（笑）。「そんなこと言わないでくれよ」とか交わして。その副社長が間に入って何度も県の役所に通って、1ヶ月くらい工事は止まったままで。

「もうなんとかしてくれよ」と言うので「ちょっとだけ妥協してあげる」と言って、20種類くらいの混植で構成されている生垣のうち、通路の落下防止も兼ねたところだけ2種類の混植に変えましょうと。「そうすれば、室長が言っているようないわゆるきちっとした生垣になるから」と妥協した。

けど、それがみっともなくてね。未だに少しずつ手を入れているんですよ（笑）。

——みんなの前で笑い飛ばすというのは、相当なものですよね。

田瀬　いや、それはすごいビビりましたよ。どうしようかなと。「わはははは」と笑って、「そんなこと言わないでくださいよ」って言ったんです。それでも「解散」みたいになって。

そんな、自分がいない間に全員が積み上げてきたものを「こんなはずじゃない」って言うなんて通用しないのにさ。通用させようとするのは、社会人としての振る舞いではないよね。
なんて言えばいいのかな。デザインとは関係のない世界で決まってゆくことが横行しているでしょ。とくにお役人というか、権力を持っている人が絡むと。で、その人がいる前では余計なことはなに一つ喋らないほうがいい、というふうになっちゃう。

――個人邸の仕事を頼んでくるのはそもそも田瀬さんと話の通じる人たちでしょう。でも公共建築のプロジェクトだと、発注側の行政にも「言うことをきけ」みたいな人がいることはあるだろうし、それ以上に行政にも元請けのゼネコンにも、「仕事だからやっている」ような人がたぶん混ざりやすい。いわゆる担当者と「愛情を注げる人が……」といった話をしてゆくのは。

田瀬 すごく難しいですよ。「なんのためにこの仕事をしているのか?」というところが違うわけだから。
でもそこで彼らの都合や思惑に合わせて「よござんすよ」とやってしまうと、一つのプロジェクトを成り立たせているみんなの仕事がすべて台無しになってしまう。途中で「もういいか」という気持ちになると、そういうもので終わってしまう。

そう呟いてしまわない忍耐力はすごく必要だなと思います。

それを許してくれるクライアントもね。


やっぱり、「こうしたい」という気持ちがあることで、仕事は台無しにならずに済んでゆくのだと思う。

設計を終えていざ工事が始まれば、大勢の人が動くわけです。ちょっとした規模の開発なら数十社がガーッと動くし、僕らがかかわる植栽まわりだけでも、山里で植物を採取している家族、カゴをつくっている会社の人たち、これから管理をしてゆく職人さんたちが働く。

それらが全部、理不尽な事情だとか、事業性や売上げのためだけの仕事になっていってしまう。

そんなことは最初から目指していないわけです。

「仕事だからしょうがないよね」とか言ってるのは腹が立つよね。

「〝仕事〟になっていないじゃないか!」と言いたくなる。


とはいえ、どのプロジェクトも楽しんでやっているんですよ。

仕事というのは義務感でやるようなことではなくて、しっかりしたコンセプトとルールを最初に共有しておけば、あとは非常に楽天的にやっていいものだと思っています。

注釈と付記

そこにあるものでつくる →055

宇都宮あたりを通っていると、地下の採石場から切り出された大谷石づくりの蔵が次々に目に入る。パリの白い街並みも、その地下から切り出された石灰岩を積み上げて出来ている。

沖縄では琉球石灰岩が採れる。米軍は戦後、駐屯施設の建設素材を検討した結果、その石灰岩を素材にコンクリート・ブロックを量産して兵舎やハウスを建てた。その工法が、ブロックとコンクリートづくりの現在の沖縄のまち並みを形づくっている。

同じく沖縄の古民家には、柱や梁の木材が細かったり曲がっていたり、継いで使われているものが多い。それは珊瑚礁の上に形成された表土の薄い山林で生える木に、角材をひき出すほどの太さがなかったことを物語っている。しかしそれが建築の特徴になり、その場所らしい景観も生まれる。

地域性を持つ建築は、その土地の作物の一種として形を成している。

田瀬さんのデザインにも「そこにあるものでつくる」考え方や手法がよく姿をあらわす。「らんの里堂ヶ島」（１９９２年、２０１３年７月に営業終了）では、水系や植生に配慮しながら、地形の改変量を出来る限り減らして施設を配置。このプロジェクトで、その後もよく使われることになるジャカゴやフトンカゴが登場している。以下、インタビュー時の田瀬さんの話を収録。

田瀬　敷地の中に谷が3本あって、いちばん水が流れるところに雨水の排水路を兼ねて流れをつく

りました。土木工事で石がたくさん出てくるのと、近くに採石所があったので栗石を入手して、それをジャカゴやフトンカゴに詰めて。

このやり方は、地形に馴染みやすく、既存の樹木や露石も避けやすいので工事も早く出来るし、カゴ自体はいずれ植物で覆われるという良さがある。

その9年後、静岡県の三島にある特種製紙（現・特種東海製紙株式会社）の総合技術研究所の設計（2001年）にたずさわりました。3階建ての研究所を壊して、その場でコンクリートを砕いて選り分けて、それをフトンカゴに詰めて庭の建造物をつくった。風が強い場所なので防風機能と、遠くに見えていた建物の目隠しとして。いちばん上には、もともとの表土をのせています。

1600㎥のガラを処理しているのですが、これを廃棄物として外に出すと1㎥あたり1万円ほどの処分費がかかる。つまり1600万円浮かせていて、その予算でカゴや植物などの資材費をほとんど賄《まかな》いました。

その6年後、厚木の日産先進技術開発センター

（2007年）の設計にかかわります。青山学院大学の厚木キャンパスの跡地で、既存の校舎をすべて壊して新しく建てる。約6万㎥のガラが発生します。三島で実験済みですから同じ工法で計画して、今度は6億円浮いた。でも設計料は変わらないんですけどね（笑）。敷地の外壁をその材料でグルッと2㎞くらいまわして。足元に蔓植物を植えていて、次第に緑に覆われてゆきます。

この工法について、「コンクリートのアルカリが溶け出して障害が出るのでは？」と議論してくる人がたまにいるけれど、あまり気にしていない。植物を植えているし土も入れているし、「葉っぱは掃かないで」と伝えていて有機物が供給されるし、雨は酸性雨だし。それで中和されるんじゃないかな。

そもそもコンクリートの廃材は道路の舗装にリサイクルで使われているわけですから、そっちのほうがよほど影響が大きいんじゃないでしょうか。

特種東海製紙技術研究所の庭の防風塁

日産先進技術開発センターの外構

アルカリはどんどん流れ出しているだろうけれど年々減っているはずだし、植物は元気ですしね。「大丈夫なのか?」と訊かれても、「わからない」と答えている。そこで立ち止まってしまうとなにも出来ない。出来ないというのは、あまり意味のないことだと思っています。

こういう実例が広がれば、都市部のスクラップ&ビルドのやり方も変わるだろう。いろんな建材が混ざっているけれど、圧倒的にコンクリートですからね。捨てる場所もないし。

石を使うときも、近くで採れるものを使います。あまりよそから買ってきてやらない。そういうやり方に決めている。無駄にお金をかけずに安くやるのが大事で、それには工事を早く行う必要があるわけだし、敷地の中で出来ることを考えてやるのがいちばんいい。

日本の土地所有 →063

「先祖代々の土地」という言い方をよく耳にするけれど、この表現はどの程度妥当なのか？

　現在の日本の土地所有制度は、明治維新の中で行われた「地租改正」と、終戦後のＧＨＱの指導による「農地改革」の二つによるところが大きい。

　地租改正（1873年）では納税義務と引き換えに、個人による土地の所有が認められた。しかし税の負担が大きく、小作人に転落してゆく農民が増え、次第に土地と利益が地主に集中していった。

『東京の緑をつくった偉人たち――戦中戦後の激動から環境先進都市東京へ』公益財団法人東京都公園協会より

　戦後にＧＨＱが指導した農地改革（1947〜50年）で、その土地が再配分される。権力の解体が図られたわけだが、このときの問題点の一つは、旧小作農にとってそれが「棚ぼた」的であったことだろう。政府から与えられた各1haほどの土地は、経済成長期を通じて作物でなくお金を生む「資産」にその質を変え、日本独特の土地神話を形成し、バブル経済の崩壊を経て現在に至る。

　先行した明治の地租改正がその露払いをしている。この制度改正によって、「土地」という公共の資産が特定の個人の所有財になってしまった。

　そのことが田瀬さんが口にしていた「いま生きている人が土地を使えるように」という課題にもつながっているし、日本の農業の生産性の低さや、不耕作地の放置、外資による大規模な森林買収など、現在のさまざまな社会問題の根幹となっている。

日本における土地所有をめぐる状況の複雑さは、地籍調査の進捗状況にもあらわれている。

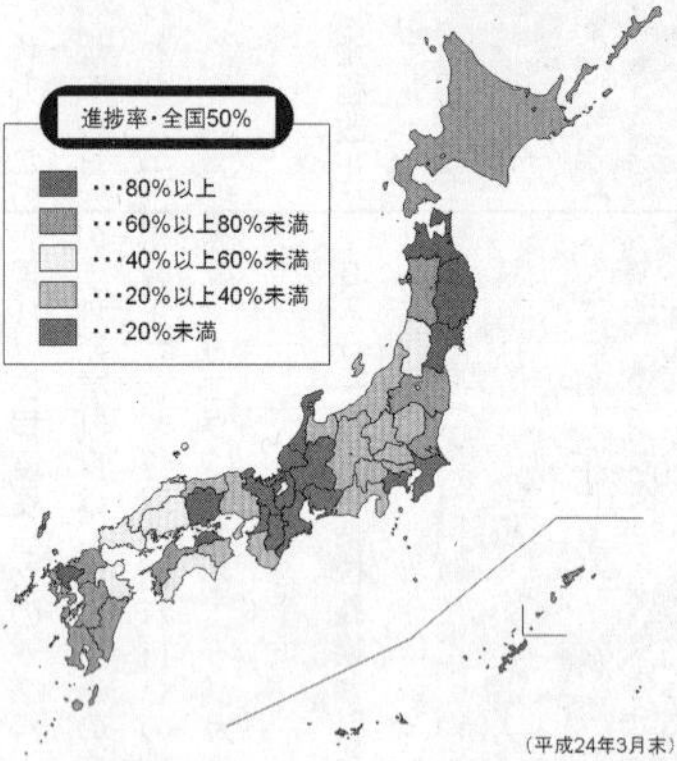

「地籍調査」国土交通省ウェブサイトより

　1951（昭和26）年から始まったものの現在の進捗率は約50％（右上図参照）。調査は各自治体にまかされているが、約3割の市町村では地籍調査そのものが行われていないという。先送りになる背景には、権利関係が入り組んでしまい手の着けようがないといった状況もあるのだろう。

　土地をめぐる日本の制度や心情は、世界的に見ても特異性が高い。銀行からお金を借りるとき日本では土地を担保にすることが多いが、海外ではまずないという。担保は商業的な信用か、動産、債権、商業手形であって土地ではない。

　そもそも土地の所有形態と意識が異なる。たとえばイギリスにおける土地や建物は基本的に国王のもので、それを大貴族が999年契約で借り、それを貴族や大企業が250年契約で借り、さらに企業や個人が99年契約で借りるといった、階層的な時間的所有権（リースホールド）が基本にある。

１９９７年の香港の中国返還も、イギリスが取得していた99年間の契約満了によって行われた。

フランスやドイツでは個人が土地を所有する権利を持っているが、所有権を最上位に置かない規制が法律で定められているという。土地から生まれる利潤は分配されるように、そして所有より〝利用〟が優先される設計がなされている。

北欧3ヶ国には古くから「自然享受権」という慣習法が存在する。土地所有者にお金を払わずに野生の果実やキノコ類の採取を行ってよいとする果実採取権。徒歩、スキー、自動車による通行権。これらは別の国からの旅行者を含むすべての人の権利として共有されている。

通行権はイギリスにもあり、人々が歩くことを楽しむための小径（public foot-path）が、放牧地などを横断する形で、農村部を中心に網の目のように引かれている。

欧州の国々には土地は人々が〝利用する権利〟を持つものであり、所有者にはその環境の保護、および維持の義務が課せられている様子が見られ

る。

翻って日本では、利用権の意識共有も、所有者の社会的義務の明文化も行われないまま、より多くの土地を持つ者が利益と空間を独占してきた。作家の司馬遼太郎は、『土地と日本人』（中公文庫）のあとがきにこう書いている。


〈本来、空気が人類の共有のものであるように、海も山も川も、そして野や町も、景色としてはひとびとの共有のものである。（中略）われわれが日本人として日本列島を共有し、人類として地球を共有しているという、法体系に一字一句も書かれていない思想を、テレビの教養番組に出てきそうな甘い説明《ナレーション》の位置から、地面にひきすえねばならない〉

農業と馬 →067

伝統的な農業を、おもに馬と営んできたのは中部・長野以北の東日本で、西日本の農業は牛とともに営まれてきた。

東日本の広い畑作地帯では、動作が軽快で仕事も早い馬が重宝され、耕土の深い田んぼが広がる水田地帯の西日本では、ゆっくりと粘り強く働く牛が重宝されたようだ。

日本における牛馬耕は5～6世紀から始まっていたといわれる。

最初に入ってきた馬の源郷はモンゴル高原。それを原種とする日本の在来馬は体高130㎝ほどの小型馬で、体質強健で粗飼に耐え性格もおとなしく、農家の人々とよく働いていたが、日清・日露戦争後、軍馬を求める国策のもと洋種馬との交配による大型化が進められた。

ちなみにクイーンズメドゥにいるオーストリア・チロル産のハフリンガー種は、体高130～140㎝程度で在来馬の存在感に近い。

出雲平野の築地松 →074

以下は田瀬さんが『新建築』2006年1月号に寄稿したエッセイ「遠野の馬付住宅」からの抜粋。

〈出雲平原の築地松、砺波平野のカイニュウ（富山県の田園風景を特徴づける屋敷林）、武蔵野台地のシラカシ高生垣など、農家の防風屋敷林の立派なものが全国各地にあった。

これらの屋敷林は水田や畑の中にポツンとあって、散居していた。私は多彩な樹木に囲まれた農家が散居する佇まいがとても好きで、1970～80年代に2万5千分の1の地図で目星を付けて、ときどき探し歩いた。いわゆる里山の農家も悪くないが、寒風吹きさらしの中で、分厚い緑囲とわずかに屋根の見える散居に「成熟」とか「自律」という言葉がふさわしいと感じていた。

手入れの行き届いた緑囲の内側を覗けば、表の庭、農作業用の庭、自家用菜園、ウメ、カキ、イチジクなどの果樹、二十四節気の折々の草木花草、仏壇用の花、神棚用のサカキ、裏には農作業や日常生活に利用した竹林、カイニュウには家庭に不幸があったときに備えて火葬用燃料としてハンノ

「宍道湖付近の農家と防風生垣」（75頁）の部分

キを植えたらしく「ゆりかごから墓場まで」が日常的に備えられ、静かに、ゆったりと、屈託なく時が流れているように思えた。

東京オリンピックあたりを境に様相は一変して、屋敷林は衰退し、田園景観とは呼びがたい光景が展開している。

「簡素な愉しみを楽しむ能力を忘れたこと。人生の純粋な喜びに対する感性を失ったこと。昔ながらの自然との美しい神のような親しみを忘れたこと。それを反映している、今は滅びた素晴らしい芸術を忘れたこと。——この忘却をいつかは哀惜する日が来るであろう」とL・ハーン（小泉八雲）は予言しているが、今は「地球にやさしく」という掛け声が踊っている〉

農業と自給 →078

国政の根幹は、国民を飢えることなく日々食べさせてゆくことにあるだろう。

食糧は輸入に頼り、農作業も石油動力に頼っている現状下、この国土が自給的に養える人口はどの程度なのか。江戸時代の人口がおおよそ3000万人前後で推移したことをベースに、4000〜5000万人が妥当だろうと述べる人が多い。

ちなみにその際の農は有機農業を指向する。健康志向からではなく、自立性を求める動機によって。

たとえばソ連の崩壊と経済封鎖によって深刻な食糧不足と国民の栄養失調に見舞われたキューバは、都市の空き地を利用した首都ハバナの有機農業化を10年がかりで実現した。そのリポートは東京都産業労働局の職員・吉田太郎さんの『200万都市が有機野菜で自給できるわけ』（築地書館）に詳しい。

石油と化学肥料に依存出来ない農作は、有機農法に回帰せざるを得ない。現代農法は収穫物の2

〜3倍のカロリーを投入することで成り立っているという。ちなみに有機農法が中心的だった1955（昭和30）年頃の日本では、人の労働力を含む投入エネルギーの1・1倍ほどの収穫が得られていたようだ。

有機農業には良質な堆肥が要る。キューバの場合その供給源はミミズで、世界に6000種いるといわれるミミズから風土に適した2種を農業研究所が選び出し機能させている。その有機堆肥を、田瀬さんたちのプロジェクトは馬糞で賄おうとしている。

農的で持続可能な暮らし方のデザイン体系として、オーストラリアのビル・モリソンがまとめた「パーマカルチャー」の教科書には、「生きてゆく上で欠かせない資源（水や食糧やエネルギー）を一つのチャンネルに依存しない」という考え方が示されている。

たとえば電気でいえば、電力会社から供給される電力と別に、家の周辺で確保できる太陽光や風力、小型水力発電システムなどを同時に持つこと。水でいえば、上水道と別に井戸を掘ったり、屋根に降る雨（中水）を貯める手立てを持つこと。食糧でいえば家庭菜園による自家採取や、マーケットに依存せずに近隣の営農者との互恵関係を育んでおくことなどがそれにあたる。

こうした生活やあり方への希求は2011年の震災後、農的な暮らしを指向する一部の人たちだけのものではなくなってきていると思う。が、江戸時代の東北の都市部（城下町）にも既にその実践があったようだ。以下は『BIO CITY』2001年21号「特集──食べられる街づくり」に、民俗研究家の結城登美雄さんが寄せていた記事による（図版も同号より）。

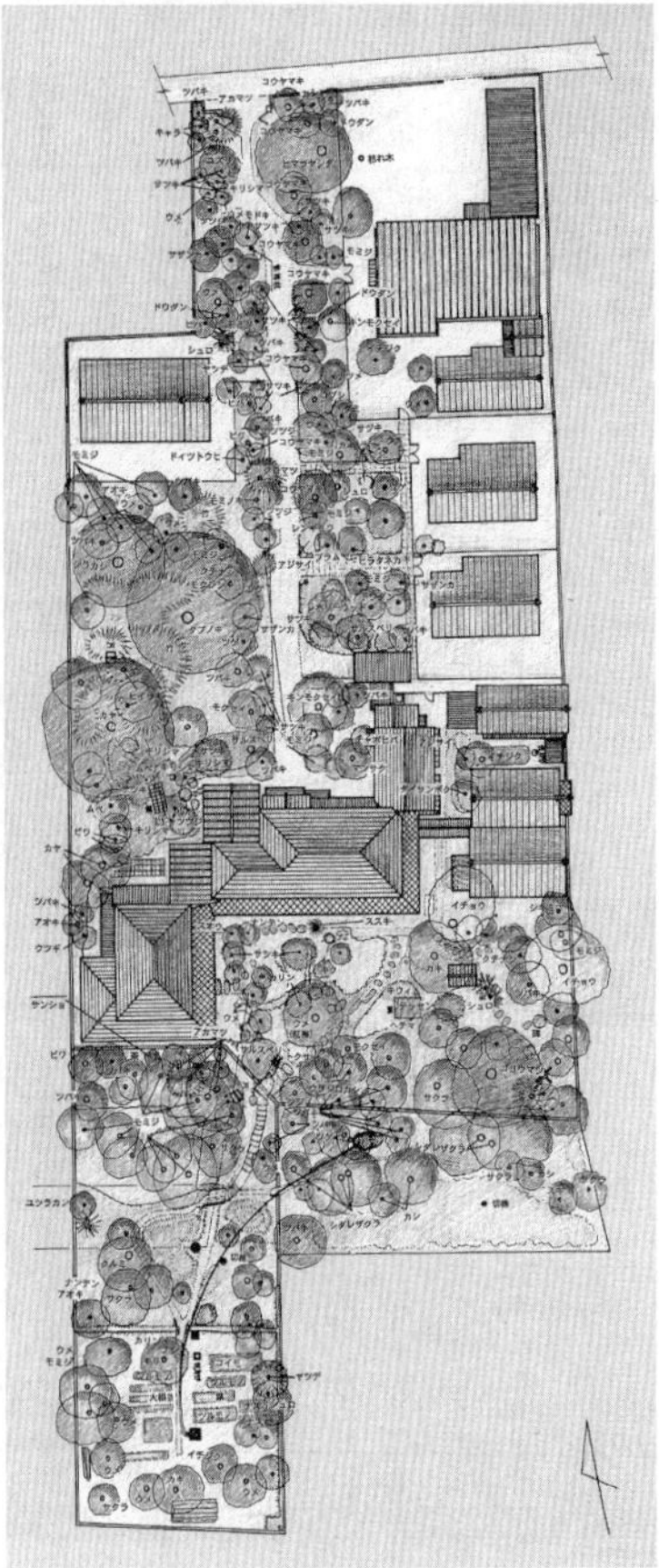

「武家の屋敷林〝御林〟の植栽図」（調査は1991年）©結城登美雄、直裁図作成：筑波大学渡和由研究室

1601年に仙台城を開府した伊達政宗（1567～1636年）は藩の武士に対し、天災や飢饉に備えて「自給自足を基本とせよ」という政策をとっていた。いまの都市住民にあたる城下町の武士たちには、下級の武士でも360坪ほどの大きめの屋敷が与えられ、庭にはウメ、モモ、カキ、クリ、ナシなどの食べられる木（果樹）が植えられていたという。

　必要な野菜はほぼ自給で賄われ、自家用の茶畑まであり、薬草も育てられていたとか。お金で購入される食材は塩と魚くらいで（米はサラリーとして支給されている）、多少の現金があれば不自由のない暮らしが営まれていた様子が当時の武家の日記に残されているそうだ。

欧州では、市民が都市部に自給農園を持つ仕組みが、19世紀末から20世紀初頭にかけて構築された。

工業化を支える労働力として都市部に移り住んだ農民が、自分たちの生活を支える環境として求め、国がそれに応えた。世界大戦下の食糧難においても供給源として大きく機能したという。最近の言葉でいうところの「半農半X」が、欧州では都市レベルで何気なく実装済みということなのか。年金・福祉につづく3番目の社会保障制度として、「食べられる庭」が国から供給されているという。

ロシアの週末農園「ダーチャ」は、1区画600㎡ほどの土地を国から借り、農作業用の小屋を建てて、夏の間に野菜や果樹を育てて家族の食料を得る仕組み。2003年のデータでは、ロシア国内の世帯の8割が、菜園を持つか野菜づくりの副業を行い、国内のジャガイモ生産量の92％を市民が賄っているという。

ちなみにジャガイモはもともと欧州にはなかった作物で、インカ帝国を侵略したスペイン人が16世紀中頃に持ち帰った。「聖書に書かれていない」という理由で忌み嫌われていたが、寒冷地での栽培に耐え、痩せている土地でも育ち、収量も多いなどの特性もあって、17世紀に起こった飢饉を背景にヨーロッパ各地で普及する。

農林水産省のウェブサイトに「国内の農業だけで生産を行った場合の供給可能量」というページがあり、国土の自給性に関する平成27年度想定の試算結果が公表されている。ここでも「いも類」

の収量増が期待されているが、それを前提にしても一人に供給可能なカロリーは昭和20年代後半の値に下がるようだ。

食糧自給率の向上は、自立性を支える重要事項である。しかし国内では量的に自給しきれない現実が存在する。しかも日本の農業の生産性はいまだに低いようで、その原因はGHQが指導した農地改革にも遡り、先に触れた土地所有制度とも絡んで根が深い。

健やかな農政のビジョンがなかなか描かれないのは、無数の思惑が交錯しているからだろう。

小さなものであっても

→081

クイーンズメドウ・カントリーハウスを田瀬さんと形づくってきたアネックスの資料に、遠野での試みに向けて次のような記述がある。以下部分抜粋。

〈プランタゴとアネックスは、様々な事業の提案を行ってきた。その特徴は、

1　環境秩序、構造の再構築
2　環境の再生活動そのものを事業化する
3　地域社会とのかかわりを持ち環境の保全や事業活動を地域産業化する
4　事業を通じて〝人〟をつくる

わたしたちはこうした考え方が、公共事業には(民間であっても大規模な土地利用開発には)必要であり、今後ますます重要なポイントになってくるという確信がある。

そうであるならば、自分たちの力で、たとえそれが小さなものであっても、一つのプロジェクトとして立ち上げてみようという思いに至った〉

流域という単位 →094

以下、流域に関連するインタビューでの田瀬さんの発言を収録しておく。

田瀬 列島の植生区分というものがあって、たとえば北海道は日高山脈の東西で分かれていたり、本州は同じ東北でも日本海側と太平洋側で異なる。さらに日本は地形的に襞がいっぱいあって、その流域ごとに植生も違うし、北向きなのか西向きなのか、風はどっちから吹くのかといったことで、それぞれみんな違う特性を持っているんですね。ランドスケープを考えるときには、まずそれが大前提になる。

そのことを僕に教えてくれたのは、斎藤一雄さんという人です。彼の『緑化土木』(188頁参照)は、僕にとってバイブルのような一冊。「すぐれた景観は日本人の情意のルーツを形成した。景観の主軸は地形と緑である」という彼の言葉は、とても大切なものだと感じています。

斎藤さんはトータル・ランドスケープという概念を提唱して、「山から海の中までの一連の連続性の中でシステムをデザインする」ことを実践していました。

海はみずから汚れない。原因は地上にあって、上流と下流という関連の中で、配慮のある開発が行われていないからそうなるわけです。

互いに思い遣りながら、ちゃんと部分をつくっていかないといけない。そういう情意の広がりがないと、開発もデザインも出来ないんだ、ということを教わった。そうでないとなにも生みだせないんだと。

「敷地を越えて考える」というのはそういうことで、そういう考えがないと敷地は越えられないし、越えてきたものにも対処できないと思います。

川を軸にした流域の全体を、生物から人間の営為まで含み、関係性の中で捉えてゆくことが大事なんです。

空気と水と緑は、人が引いた境界線をまたいで展開し、鳥や昆虫をはじめとする生物種がそれに伴う。流域という単位でその場らしさが形づくられていて、人もその中で暮らしている。流域は文化の大前提のような感じですよね。

でも日本の場合、その上流部に汚染源があることが多い。

沖縄で「ＢＩＯＳの丘」（１９９８年）という農業観光施設を設計したときは、同じ水系の上流部にゴルフ場があったので、そちらから入ってきた水をまず池に溜めて、植物で浄化して土に染み込ませて、出てきた水を別の浄化池に入れて流下させ、その水で施設本体の湖をつくっています（次頁図参照）。

この湖は一定の水位を保っている静水湖なので、護岸に水生植物が定着出来るし、トンボの種類も増える。生態系が多様になると、さらに水質の浄化が進む。

流域の再生は下流域からは出来ません。上流から行う必要がある。ここの湖は観光施設であると同時に、下流の飲料水の水源でもあるわけです。

水系に沿ってランドスケープを連続的にとらえる斎藤さんの考え方にすぐ合点がいったのは、兄貴の影響もあるかも。兄は大学の教授で専門は水文学。彼の地形学の教科書を家でペラペラめくっていたんですが、それを見ているともう流域しかないわけです。境界線はない。地球上の水がどう動いているかという話に、土地所有なんて関係ないわけだから。

そんな中で、環境を連続的に見る癖がついていたというのはあると思います。

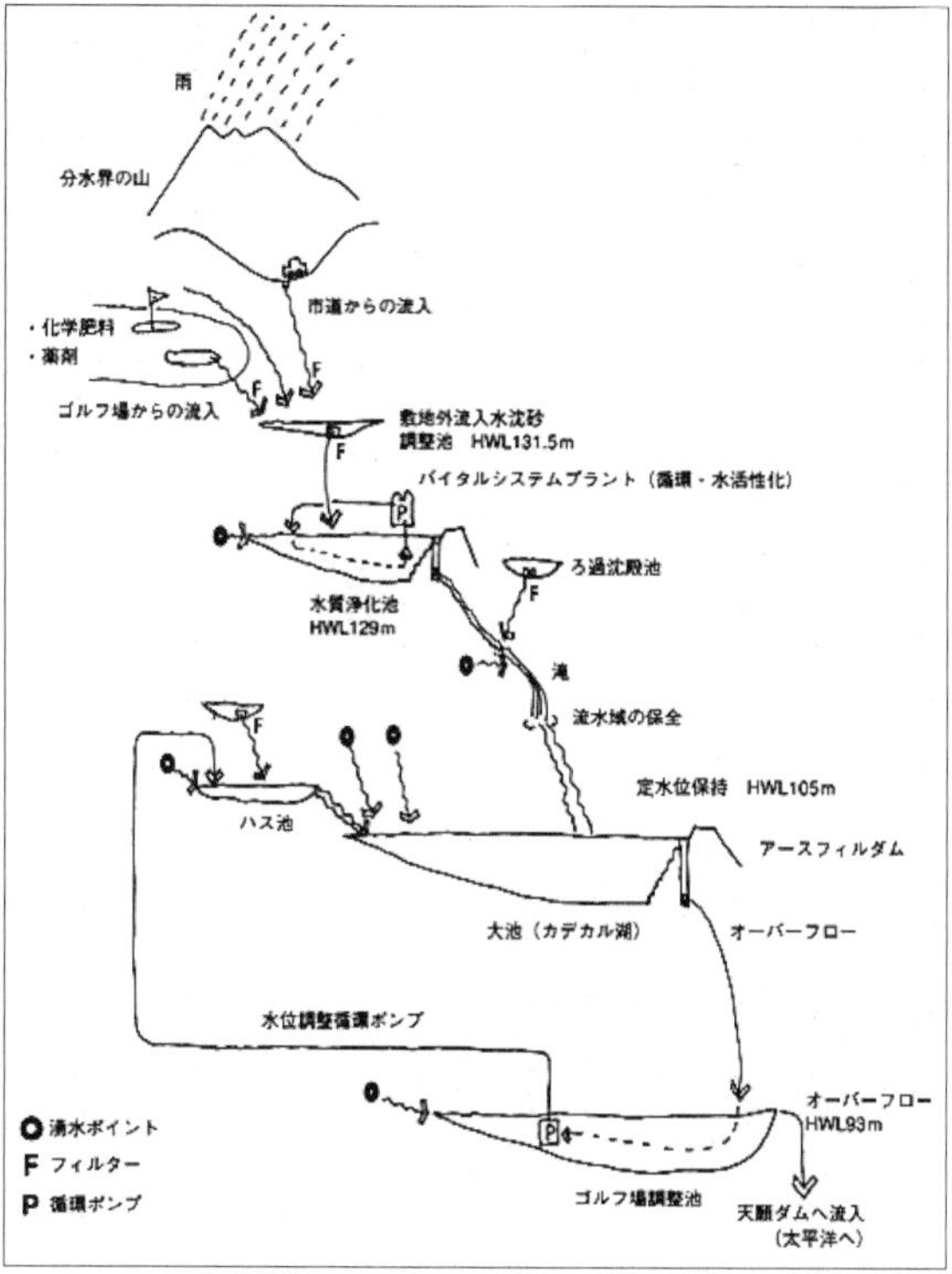
雨
分水界の山
市道からの流入
・化学肥料
・薬剤
ゴルフ場からの流入
敷地外流入水沈砂
調整池　HWL131.5m
バイタルシステムプラント（循環・水活性化）
ろ過沈殿池
水質浄化池
HWL129m
滝
流水域の保全
定水位保持　HWL105m
ハス池
アースフィルダム
大池（カデカル湖）
オーバーフロー
水位調整循環ポンプ
オーバーフロー
HWL93m
ゴルフ場調整池
天願ダムへ流入
（太平洋へ）
清水ポイント
F フィルター
P 循環ポンプ

「BIOSの丘」の水のシステム図

鮭と山間漁業→096

田瀬さんが語る東北沿岸部の復興プランに、「鮭を遡上させる」という考え方が登場する。強く印象に残ったので、追って調べたことを書き添えておきたい。

鮭は遡上して産卵を終えたのち、川周辺の生き物を養い、山林の生態系を豊かにする。山の養分は本来、位置エネルギーの移動に従ってどんどん海に流れ出してゆくわけだが、鮭においては養分がみずから川を遡って戻ってくるという、あらためて考えるとすごいことが起こっている。

日本の鮭は、おもに北海道・東北地方の川で産卵する。しかし19世紀後半に始まった河口部の人工孵化場を用いた漁法や、20世紀後半に進んだ沖合いの定置網漁の本格化によって、川を遡る鮭の姿は現在少ない。陸前高田・気仙川上流の集落に暮らすある年配者に訊いてみると、「昔はたくさん上がってきていた！」と嬉しそうに語り始めたが、最近は姿を見ないとのこと。

民俗学者の佐々木高明さんは著書『稲作以前』（ＮＨＫブックス）で、稲作が伝来する弥生以前の日本に存在した前駆的な農耕文化について報告している。

その中で、西日本には東南アジアの照葉樹林帯で形成された焼畑農耕文化が存在したこと、そして東日本の落葉樹林型の農耕文化については伝来経路などがまだわからないことを述べつつ、山内《やまのうち》清男《すがお》（１９０２〜70年）という考古学者の論考を紹介している。

たとえば亀ヶ岡式土器には細かい文様が施されており、無文に近い西日本の同時代の土器と著しく違う。遺跡から出てくる遺物の種類も多く、高度な採集・狩猟文化があったことがしのばれるが、

亀ヶ岡式土器。青森市教育委員会提供

それらを支えた経済的基盤が鮭・鱒漁業にあったとするのが山内氏の仮説だ。

氏によると、鮭の遡上する川筋には縄文遺跡の数が多い。北米のネイティブ・アメリカンの集落を見ても、鮭や鱒がとれる北部のものとそれに恵まれない南部の部族では明らかな文化的差異があり（どんな差があるのかまでは佐々木さんの本には紹介されていなかった。山内氏の1964年の著書『縄紋式土器』講談社、に書かれていると思われるが未確認）、前者はより定着的で、集落の人口支持力も大きいという。

東京オリンピック →117

1964年の東京オリンピックは、日本のデザイン界、とくにグラフィック・デザイン領域の輝かしいエポックである。亀倉雄策をはじめ、その後の状況を牽引する若手デザイナーたちが腕をふるった。先立つ1960年には、勝見勝、坂倉準

三、柳宗理、亀倉雄策、丹下健三らを中心メンバーとする「世界デザイン会議」も開催され、オリンピック史上初めてピクトグラム（絵文字）が使われるなど、日本のデザイナーの能力を世界に紹介し、本人たちも認識する一連の機会となった。

が、このオリンピックに向けて高度経済成長期の最後に行われた都市改造、中でも高速道路と幹線道路の整備は、都市景観を損なった開発行為として事後的に多くの指摘を招いてきた。日本橋の真上をふさいでいる高速道路のあり方が、その一つの象徴である。

たとえば明治神宮の北参道から千駄ヶ谷に抜ける高速道路の土地は、以前は内苑としての神宮と外苑の絵画館等を結ぶ、車道と歩道と乗馬道で構成された美しい並木道だった（次頁図参照）。

オリンピックを契機とする道路整備と引き換え

に、東京は、江戸時代の都市遺産である河川環境や、残され整備されてもいた良質な都市緑地を手放した。

描かれたものの十分に実現しなかった都市計画が東京には二つ存在する。一つは東京市長時代の後藤新平（1857〜1929年）によるもの。その実現は財政的なハードルを越えられなかったが、追って生じた関東大震災後の復興計画を下支えした。

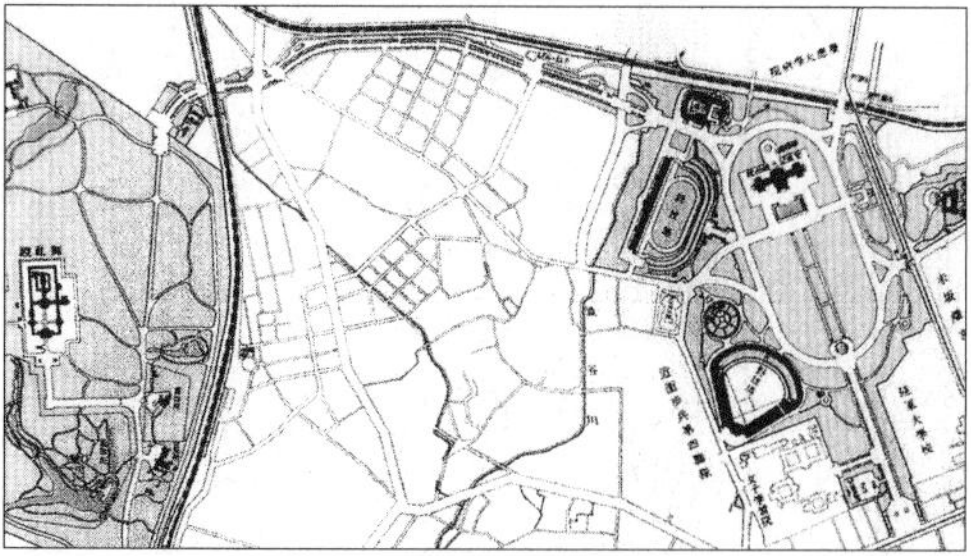

「明治神宮内外苑連結図」部分、『東京の緑をつくった偉人たち――戦中戦後の激動から環境先進都市東京へ』公益財団法人東京都公園協会より

次に第二次世界大戦後に描かれた復興計画案があったが、今度は急速な経済成長に伴う地価の上昇に用地買収が追いつけず、計画どおりに進められなかった。その只中に生じた東京オリンピックという大義名分のもと、交通量が優先されて、復興事業によってつくられていた道路の植栽帯は撤去。4列の並木も2列に改められたという。

東京オリンピックは、デザイン界においては輝かしさをもって語られる。が、環境としての都市経験はこのときを境目に貧しくなっていったとする指摘が多い。デザイン界が感じていた輝きは社会のどこを明るくしていたのだろう？　それはまちではなく、おもに個々の家や、店の中なのだと思う。

在来種と多様性について →121

在来種とは、江戸時代以前から存在する日本固有の動物や植物を指す。その在来種同士が、特定の種に駆逐されずに共存している状態を「生物多様性が保たれている」と表現する。

外来種は競争力が高く、しばしば在来生物相の攪乱をおこす。日本では70年代に大繁殖したセイタカアワダチソウが代表的。根からまわりの植物の生長を抑制する化学物質を出すこの草は、在来種のススキを一時後退させた。

田瀬さんは、プロジェクトを実施する地域に自生している多様な在来の野草を、ランドスケープの植栽に使用する。理由はインタビューにおいて述べているように「その場所らしさ」が積み重なってゆくことを大事にしているのが一つと、その選択がひいては管理負荷とコストの抑制にもつながるからだろう。

地球上のどこにも、それぞれの風土に根ざした潜在的な自然植生が存在する。それと合致しない植生を用いた風景の維持には、人工的な労力が必要となる。イギリスのゴルフコースの景観を日本で再現するには、頻繁な芝の刈り込みや農薬の散布を要するように。

「虫や細菌には好みの植物があるので、単純な植生ほどその大量発生に至ってしまう可能性が高い」(田瀬)という側面もある。

自生種の山野草は、除草剤が撒かれた田畑には育たない。都市部の公園に植えられている草花はその地域の植物ではないことが多く、街路樹や道路の分離帯も外来種に占められてきた現代史がある(ちなみにイチョウは中国の、プラタナスは北米の外来種である)。

地域ごとの自生種の樹木や草花を残してゆける場所は、もはや各家々の庭先しかないのではないかという考えのもと、田瀬さんたちは、工務店と連携した「一坪里山」づくりの活動も行っている。

自然に花も咲くし、実も成るし、鳥も来るようになるし。種を集めて栽培している人たちにとっても、仕事の意味合いが違ってくる。どこで使われるのかわからない植物をつくって買い叩かれながら出荷しているのとはわけが違って、「やって良かった」と思えるだろう。供給元の山里にも、林業以外の仕事を生みだしてゆくことが出来る。

という具合に、これは広がれば広がるほど悪いことが起こらない。些細なことだけれど、そんな単純なコンセプト一つがすごく大事なディテールなんです。

考え無しに外来種を植え始めると、もう本当に誰のためにもならない。自分たちのためにも、都市のためにも、日本の地方のためにもならなくて、広がれば広がるほど環境も、そのまわりの仕事のありようも悪くなっていってしまう。

一坪里山（田瀬理夫デザイン、小松建設株式会社ウェブサイトより）

田瀬　単純な話で、関東で緑地をつくるなら武蔵野の植物を選んで大事に育ててゆけばいいんです。

アクロス福岡の緑地管理 →124

南側の雛壇状の緑は竣工（1995年、次頁写真参照）はまだ貧相で、酷評を浴びたそうだ。しかし事業主や建築家はその対応に耐え、竣工から4年経った1999年には福岡市の都市景観賞を受賞した。

このビルは県有地の民活事業として60年のリース期間が設定されていて、管理会社も、質的に継続性の高いメンテナンスを宣言している。田瀬さんにも育成管理の監理業務が引きつづき発注されていて、年に何度かビルを訪れている。植生の状態や新しい実生の様子を見ながら、どの茂みに鋏を入れて光を入れるか、剪定した枝葉をどのように活かすか、といったメンテナンスの設計作業が重ねられている。

竣工後も設計者が継続的に関与をつづけている（つづけられている）事例は、極めて珍しいと思う。

アクロスの植物は軽量の人工土壌に根を張って生きている。自然の土を使っていないことに違和感を持つ人がいるかもしれないが、人工地盤に土を使うと重量が増し建設費が上がる。保水性能もそれほど高くないうえ、建物に与える影響も大きい。

ここでは複数の人工土壌の中からアクアソイル（製造元：株式会社イケガミ）が選ばれた。「栄養を過多に与えず、光合成と少々の有機的肥料でゆっくり成長してゆく盆栽のような山づくり」の設計に、通気性・透水性・保水性にすぐれた長寿命の人工土壌は重要な素材だったという。以下、『ランドスケープのしごと』（彰国社）に収録されている田瀬さんのケース記事より抜粋。

田瀬　地上60mまでの屋上庭園は前例がなく、台風で木は飛ばされないか？　毎年の給水制限期に

現在の姿は、まえがき13頁を参照

撒水が必要ではないか？　漏水はしないか？　落葉が周辺に飛散しないか？　屋上植栽は60年もつのか？　などさまざまな心配に対して「安心できる前例」をつくる必要がありました。（中略）

ランドスケープとして最も重要な点描画風多種混植の経験とその将来性を事業主体と建築チームに理解してもらう作業では、３００年以上維持されている修学院離宮の上の御茶屋の混植大刈り込みの、60種類以上におよぶ構成樹種と経年変化を調査したデータが不可欠でした。

時間をかけてコンクリートの建物に山を育成していこうという植栽ですから、その将来像が共有されなければ育成管理の細目も設定出来ません。目標のない管理作業は単なるルーティンワークとなります。大いなる目標は、育成管理作業を創造的なデザイン作業に変えてくれます。

生き物とともにあるランドスケープの仕事は、建築や土木、設備などに比べてプロジェクトにか

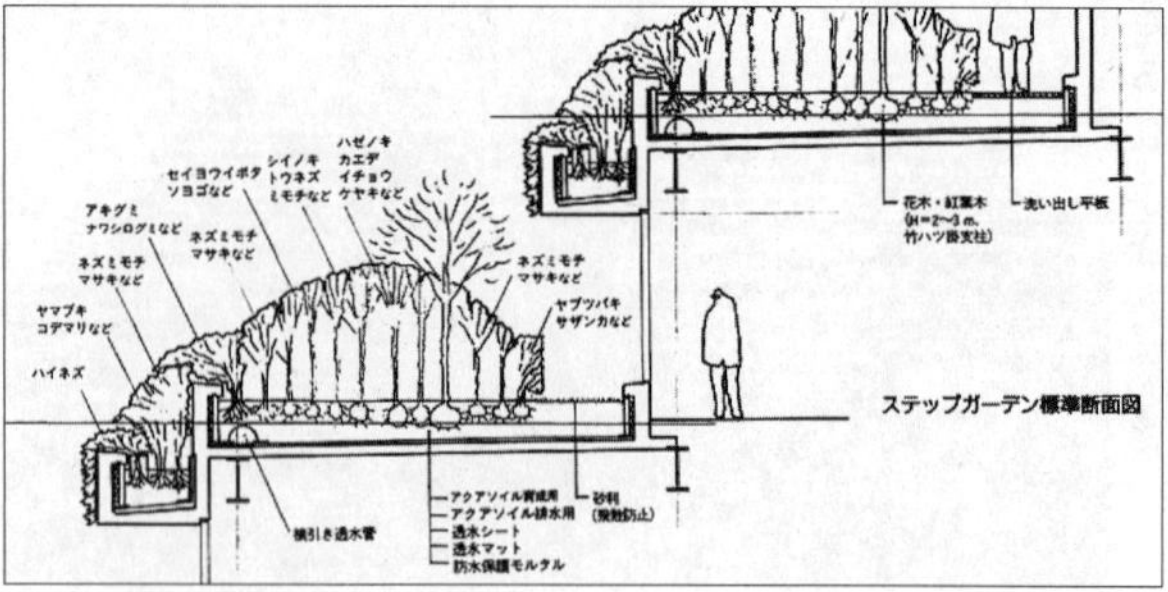

ステップガーデン標準断面図

かわる期間が断然長く、かつそのことを計画・設計時点で言えることが、いちばんの特徴であり魅力でもあります。

環境形成の創造的プロセスについて、「全体的な質が初期の段階から概念化され、その後ですべての細かい決定が、この概念化によってより自然に容易につづいていくようになる」という造園家ガレット・エクボの言葉は、ランドスケープの仕事にとってとても重要です。

田瀬さんはアクロスの植生について、将来的にビルが取り壊されることになった場合「仮にそれが100年後でも、盆栽の植え替えのように10㎡程度のパレット状態にして、植物と土のセットで別の場所に移植されるだろう」と述べている。

イーズメント →137

イーズメント（easement）は地役権のこと。他

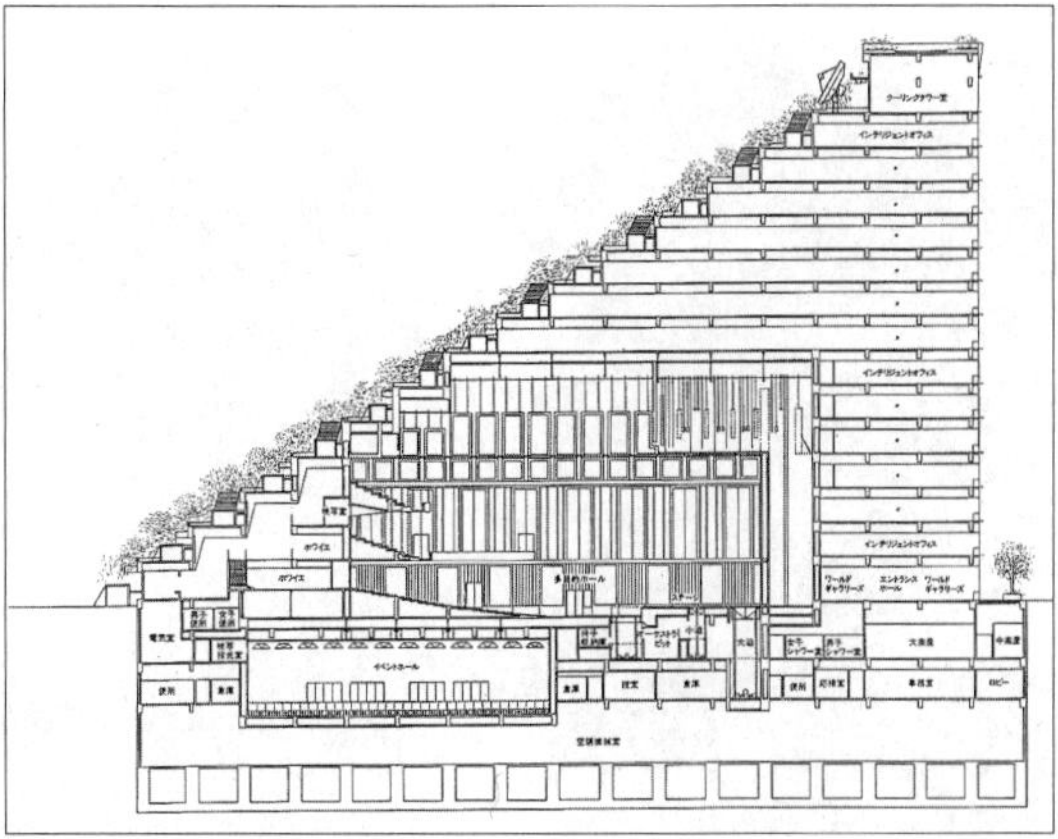

人の土地の通行権や日照権など、環境をめぐって要求出来る基本的な人権を指す。

街区によって様相は異なるのだが、たとえばサンフランシスコのまち並みを歩いてゆくと、歩道に植わっている街路樹の種類が比較的不揃いであることに気づく。行政が統一的に街路樹を整備している日本のあり方と比べると、少し不思議な風景が展開している（次頁写真参照）。

これは土地所有制度の違いによって生じている。日本では個人の敷地は歩道の手前までだが、サンフランシスコのまち並みでは歩道も含まれる。行政側の管理区分は車道までで、住民は個人の敷地の前面数メートルを、歩道として互いに提供し合う、という土地利用のあり方が制度化されている。

なので草木の手入れが好きだとか、自分たちの街区の価値を維持ないし高めることに前向きな住

民の多いエリアを歩いていると、歩道上の街路樹やその足元の植栽にいろいろな趣向が展開しており、他人の家の庭先を次々に抜けてゆくような体験が出来て楽しい（次頁写真参照）。

ここでは土地所有をめぐる制度設計という形で、結果的に人がまち並みにどうかかわりうるか、互いの存在をどのように感じられるか、というデザインが施されている。

サンフランシスコにはこの街路樹の選定や管理の相談をうけるNPOもあり、人の暮らしを家の内と外で分断せずに、「共」的な空間や価値を扱ってゆくための手立てがわかりやすく存在している。

かかわれる空間 →142

日本の都市の住宅地の小さな公園は、相続税代わりに物納された土地であったり、マンションな

どの建設時に提供公園としてつくられているものが多い。

ワークショップなどを通じて地域住民がともに利用方法を考え、管理の一部も担ってゆく公園のあり方は以前に比べて増えていると思うが、行政の管理下におかれた古いタイプのそれらは、たいていブランコ・すべり台・砂場・水飲み場、そして周囲に沿って置かれた固定型のベンチの数点セットで構成されている。

子どもの数が減り、中高年者の数が増えてゆく時代に必要なコミュニケーションの形に、それは合致していない。

以前フランス東部の街を訪ねたとき、中心部の公園に足を踏み入れて驚いたのは、固定式のベンチがほとんどなく、大量の可動型のスチール椅子が遍在する形で運用されていたことだ。人々は人数に合わせて、過ごしたい場所に椅子を動かして座をつくり、話を交わしていた。

背景の子細は知らないのだが、ヨーロッパの公園では、ベンチの横にこうした可動型の椅子があり、そこで誰かが過ごしていた痕跡が残されている。そんな風景にしばしば出会う。

僕は田瀬さんとお会いする半年ほど前、2011年の5月にある流れの中でクイーンズメドゥを訪ね、遠野に常駐しているメンバーである徳吉英一郎さんとインタビューを交わしている。以下、『増補新版　いま、地方で生きるということ』（ちくま文庫）より抜粋。

徳吉　東京は厳密に所有者が分かれていて、邪魔だからって公園の木を伐ってはいけないし、「陽当たり悪いな」って街路樹を伐採するわけにもいかない。

みんな許可と外注なんですよね。働きかけることのできる環境が、まわりから失われていて、その中で、心も身体も萎えてしまっている気がする。

（中略）

人間の自由度の量の問題ですね。その量はどこかで質に変わって。もちろんその気になれば、都会でも実現できるのかもしれない。「ここだから自由なんだ」とも言わないけど、その度合いを増やしてゆくには、関与できる空間や環境は多い方がいい。

「共」的な空間のあり方 →146

日本、とくに東京のような都市にいると、「働いて」いるか、あるいは「お金を使って」いないと、まちにあまり居場所がない感覚がある。そしてその度合いは、年々強まっているように思う。ホームレスや放課後の中高生の話ではなくて。これはどういうことなのか？

以前ある知人が、日本の近現代における仕事のあり方についてこんな説明をしてくれた。

最初は「国」の仕事と「私」の仕事の二つがあった（下図右参照。これは明治政府による国家運営が始まった時点を指しているのだと思う）。そして時間の経過とともに、「国」の仕事が「民間」に切り

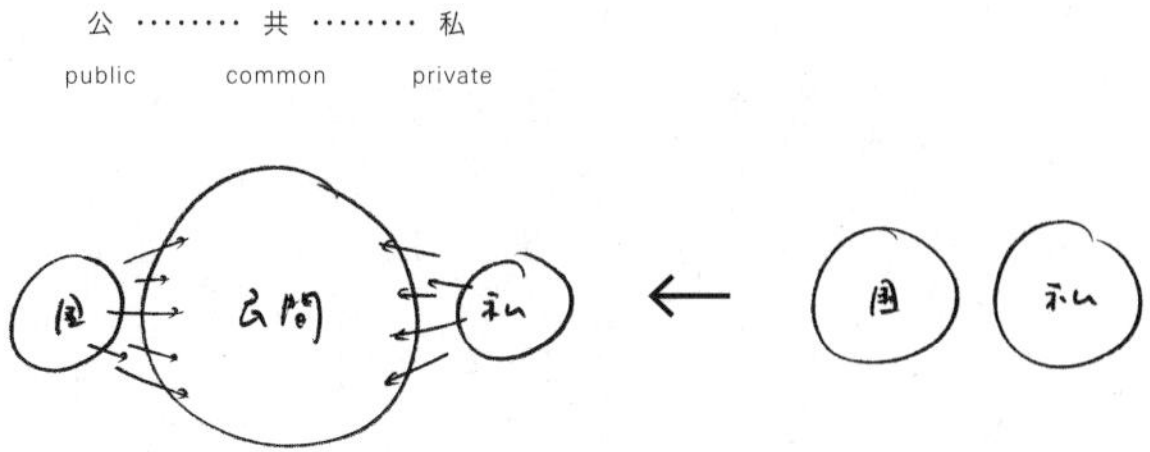

出されてゆく。国営企業の民営化をはじめ、私大や予備校のような民間の学校がつくられ、郵便事業の進化形として宅配便事業が生まれて……などなど。

一方、「私」の仕事も「民間」に切り出されてゆく。たとえばクリーニングや外食のような家事の民業化。洋裁を学んでつくられていた衣服も、商品として購入される形に替わっていった。

こうして「民間」の領域がどんどん大きく膨らんでゆく(前頁図左参照)。

この「国―民間―私」の構造に西洋社会でいうところの「公―共―私」を当てはめると、日本では「共(common)」の領域が「民間」にあたり、そこで必要とされる仕事の大半が企業によって担われている。多くの人がそこで働き、同時に他の働き手の世話になり、社会的な価値の共有も行っている。

そう考えると先の「居場所のなさ」の理由もわかってくる。日本のような企業社会では、「共」的な価値や空間の多くが企業活動を通じて商品化・課金化されているので、買う、あるいはそれをつくる側の一人として売る・働くといったありが共空間において常態化する。

しかし「共」の社会領域は本来的に経済合理性だけでは扱いきれないので、ボランティアやNPO、有限責任事業組合やワーカーズコレクティブ、シェアハウスや住み開きなどの活動や場づくりが、今日も試みられている。

このときそれを「新しい公共」と呼ぶのはとても近代日本的というか、明治以来の枠組を前提にしすぎた言葉づかいではないかと思う。公と共は一度分けて考えてみるほうが良いと思うし、敢えて分けないのなら「新しい公共私」と述べるほうがまだ良い気がする。

東京の緑地の歴史

→150

明治になっても、東京はしばらく江戸の景観をとどめていたようだが、市域の43％を焼失した関東大震災（１９２３年）を契機に、欧米的な都市景観への移行を始める。

その過程において、緑地やコミュニティのためのパブリック・スペースの計画が各時代の熱意ある人々の手で描かれ、政策の一部として合意されもしたが、おもに経済合理性を求める力の作用によって事後的に損なわれてきた。その歴史を概観しておきたい。

名所・旧跡的な庭園の延長線上にあった日本の公園を、レクリエーションの概念を超えて、コミュニティの核となる空間に拡張しようと試みたのは、関東大震災後の帝都復興計画（１９２３年）だと思う。

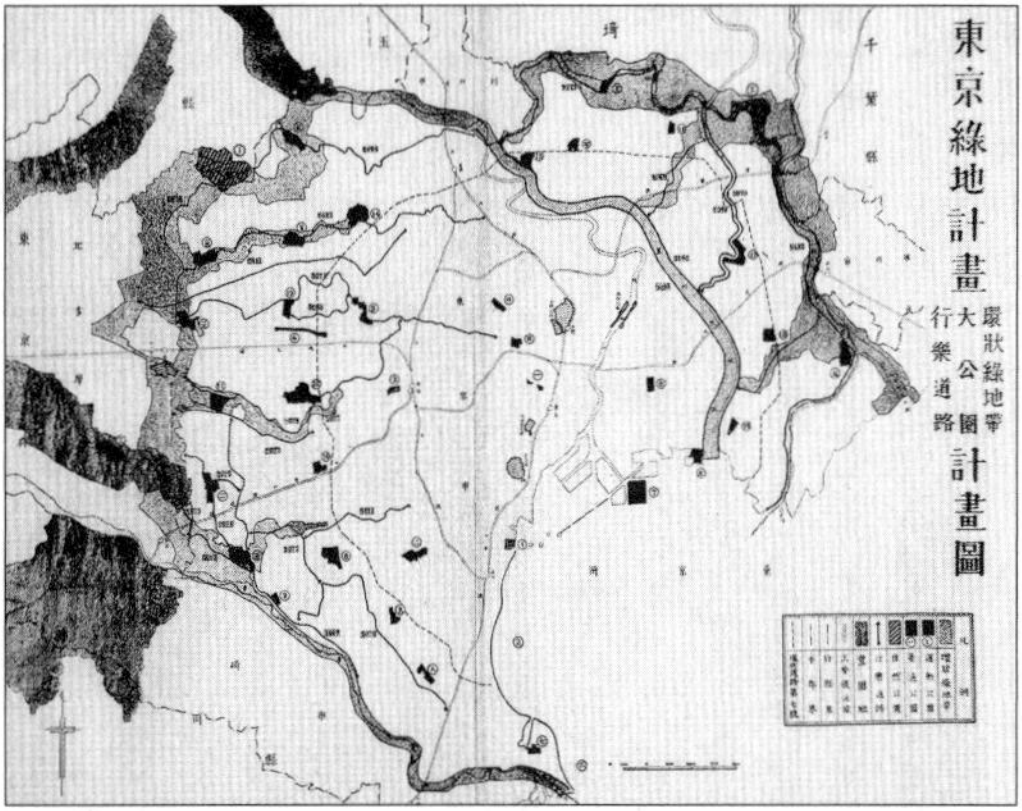

「東京緑地計画」１９３９年頃に作成されたものと思われる。都心部を環状の緑地帯で囲む計画案。実現には至らず、砧や小金井など、いくつかの緑地がわずかに点在する形となった。

ここで公園は、普段は市民の憩いの場に、非常時には避難場所になる空間として構想され、計画された五十数ヶ所のそれらの大半について地域の小学校と一体的に整備する目標が掲げられた。

しかしこの計画は、当時の長老政治家や野党の反発を受けて大幅に縮小される。約60年後に昭和天皇は、「この理想案が実現していれば（第二次世界大戦の）戦災は非常に軽かったのでは」といった趣旨の発言をしているという。

追って1924年にアムステルダムで開かれた国際会議で、公園にとどまらない「緑地」という概念が議論される。

日本でこれを担ってゆく中心的存在は内務省にいた北村徳太郎（1895〜1964年）。彼は1932年に発足した東京緑地計画協議会の議論を通じて、「緑地とは本来的に空地であり、住宅や工場、頻繁な交通などに関する施設等が、永続的に設けられることのない土地である」との定義を明文化。環状の緑地帯で東京都心部を囲うプランを描く（前頁図参照）。

計画案はつくられたものの、戦時体制の本格化により実施が危ぶまれたが、北村らは防空法を名目に推進を図り、金科玉条のもと広大な予定地の買収を実現してゆく（これらの一部は後年、砧、小金井、神代、舎人などの緑地となる）。

しかし、長びく戦争による食糧不足からその耕地利用が進んだため、追って展開する農地改革の対象になってしまい、東京都はそれまでに保有していた公園緑地の約半分を失う。

戦後、北村らは戦災復興院（後の建設省）で復興計画づくりを進め、その中で「市街地の1割以上を公園に計画する」という法制度づくりを進めた。

これは名古屋の久屋大通公園や平和公園、のちに「杜の都」と呼ばれる仙台の青葉通りや広瀬通りにおいて実現し、今日につながる社会資本を遺している。

東京都では都市計画課長の石川栄耀（1893〜1955年）が力を尽くし、幅20〜100mの8種類の道路、8本の環状道路、19本の放射道路とともに、区部外周を囲む30〜100haの緑地の点在と、それらを結ぶ幅30〜200mのグリーンベルトを計画。区部面積の34%におよぶ緑地化を絵に描き、法制化まで行った。

しかし緊縮財政や、人口増にともなう住宅供給の問題、経済復興の優先を求める社会の要望をうけて計画は大幅に縮小され、最終的には制度そのものが失われた。

若い世代に限らず、多くの人々は現時点の都市環境を、ごくあたり前のものとして受けとめていると思う。

日本の都市は、衛生面や清掃面で見れば世界的に優れて良好なので、十分に美しい街であると認識している人も少なくないだろう。

東京の緑地づくりの歴史は石川以降もつづくのだが、いわば敗北史のようなその20〜30年を長々と書き綴ってみたのは、東京に限らず、現在の日本の都市環境が、過去に存在した優れて実務的な人物らのビジョンからしてみると決して十分ではないこと、必要視された安全性も豊かさも満たせてはいないこと、そして緑地や公開空地をめぐる課題はいまだに宙づりのままであることを共有してみたいという意図による。

先の石川は1948年に書いた著書『私達の都市計画の話』（教科書副読本）に、「結局大人は駄目でした。子どもたちこそ、明日の日本の建設者です」と書き残しているようだ。

地上をゆく船

あとがきにかえて

ないものはつくる

まえがきで柿の木の話を聞かせてくれた友人夫婦は、北部九州の田園風景の中で小さなパン屋（兼食材・衣類・雑貨店）を営んでいる。

彼ら二人は十数年前、東京のパン屋さんで働いていた頃に出会った。最初の子どもが生まれ、縁あって米国・コネティカット州のパン屋さんでも働き、そのまま海外で暮らしてゆく選択肢もあったが、住まいを日本に定めることに。

東京からの距離や自然環境も考えながら場所を検討。栃木で素敵な出会いに恵まれ、地域の人々に支えられながら開業して、経営も軌道に乗り始めたところで災害に見舞われた。

日頃から友人らと原発の勉強会を開いていた背景もあって、とるものもとりあえず翌日に避難。そしていまは彼がずっと「なにもない」と思いながら育ってきた地域、少しでも遠くに離れてみたかった生まれ故郷に戻り、実家の一角を大工さんと改装し店を開いて、家の田畑で米と野菜と、パンの小麦を育てて暮らしている。

放射線の危険性を避けて生きてゆく場所を移したわけだから、万が一、近傍の原発で同じような事故が生じたときには再び動くこともありうるのだろう。

そのあたりの心持ちをたずねると、こんなふうに話してくれた。

「どんなに準備して取り組んだことでも、お世話になった背景や、思い入れや愛着があったとしても、「いつまでその場所にいられるのかはわからないんだ」ということを、あの事故を通じて私たちは理屈抜きに体験してしまった。

でも鎖を付けられているわけではないんだし、誰だって、いつでもどこにでも行ける。

それに通信や物流も昔とは違って、都会暮らし／田舎暮らしという二分で考える必要もあまりない時代になっていた。

なによりも優先されるのは子どもたちの食べ物。

田舎は自然環境が良いかというと、そうとばかりも言えない。いわゆる文化的なものも揃ってはいない。よりいい条件が既に揃っているところへ行くのもいいのかもしれない。

でも、ないところでつくってゆくのも面白い。光はどこにでもあるぞと思えるように、自分たちが時間をかけてなっていたことを知った。その場所にある魅力に気づいて、形にしてゆくことが出来れば。

それを本当にする方法は、栃木でお世話になった人が教えてくれた。

「納得がゆくまで、あきらめずにずーっとやりつづける。ただ〝あきらめない〟だけなんだよ」って」

ないものはつくればいい、と嬉しそうに語る彼らの様子を見ながら、僕も嬉しかった。

必要なものを自分でつくるより、探して買うことのほうを習慣化しやすい世の中だと思う。でもそれは、間違いのない買い物を望んでものごとを遅延化させやすいし、クレームに象徴される責任転嫁的な態度も招きやすい。

ほかでもない自分の人生についてそんなふうでは、話にならないと思うし、そんな人間の多い社会にはあまり期待出来る気もしない。

美味しい店をたくさん知っている人より、美味しいご飯をつくる人のほうがかっこいいだろう。

どこへ移ろうが、いまいる場所で生きてゆこうが、そんなことはもちろん本人次第。きわめて個別性の高い話で、少なくとも第三者に煽られてするようなことじゃない。

しかしそのときに必要なものを自分で、あるいは自分たちで〝つくる〟姿勢の有無は、健やかな互いへの期待の足がかりになると思う。

とはいえ、このあとの日本で生きてゆく人々に、自分たちの空間を一からつくり直してゆく経済的な体力は前の時代のようにはなく、既にある環境にかかわってゆく力が課題になると思う。部屋や建物のリノベーションにとどまらず、屋外や地域につながってゆく広がりの中に、自分たちの居場所を再構築してゆくことになるんじゃないか。

田瀬さんたちの実践は、その手元を照らす灯りの一つになるのではないかな、と思いながらこの本を書き進めてきた。

一般教養としての建築・ランドスケープ

執筆のきっかけは、いまから3年ほど前、ある友人が「5×緑」の宮田生美さんを紹介してくれた日に遡る。

5×緑は女性数名の小さな会社で、田瀬さんが試みてきた「自生植物＋人工軽量土壌＋カゴ」という手法を引き継いで、彼のアドバイス

を受けながら、住宅やビル・文化施設の建築緑化を手がけている。

まもなく10周年を迎えるので、その記念に本をつくりたい。ランドスケープの仕事にたずさわっている人や学んでいる人たちと、田瀬さんの仕事や考え方を分かち合ってみたい。その書き手になってもらえないかというご相談だった。


自分に出来るかな？　と思いつつ、宮田さんたちの印象はすごく良かったし、追って田瀬さんにお会いしたときに懐かしさもおぼえたので、そのまま歩みを進めた。

2011年の12月に最初のインタビューを行い、翌2012年の4月に3回連続の公開レクチャーを開き、5月に事後合宿として遠野で2泊3日のセミナーが開かれ、8月に最後のインタビューを交わして。その間、個人的に何度か遠野にも足を運んだ。

頼まれ仕事として始まったものの次第に自分の関心事と大きく重なるようになり、お金をもらって書くのは妙な感じがしてきたので、ある段階で出版社に提案。こうして個人の著作物として書かせてもらうことになった。

田瀬さんの作品集をつくろうという考えは、僕にも宮田さんにも最初からなかった。

本人にもそういう欲求はあまり感じられない。それはお仕事を拝見していてもそうで、評価や、自分が他人にどう見られているかを気にかける客体性はそれほど感じられない。かといって、ただ己と向かい合っている人といるようなコミュニケーション不全感もない。

会って話を交わしていると、横並びで一緒に風景を眺めながら、「あそこ」と田瀬さんが指を差す先に目を運んでいるような、健やかで対等な感覚が再現される。

そもそもランドスケープ・デザインはいつが完成時なのかよくわからないし、どこまでが建築家によるもので、どこまでが植物や自然のはたらきによるものなのかもわかりにくい。形というより、人と人、人と自然、人と社会の関係をつくってゆく仕事なのだと思う。

そんなわけで作品集という方向性はなかったし、おもにあらかじめ関心の高い人が手にとるようなランドスケープ・デザイン論としてまとめられた本をつくる気もなかった。

一時期考えていたのは、田瀬さんのインタビューを軸に、生活者のないかな、というアイデアだった。

たとえば原子力の話を例にすると、国の政策を感覚的な好き・嫌いでなく、出来るだけ正確に理解し、場合によっては提言をしたり、そこまでしなくとも仲間同士で語り合って自分たちの生き方を判断してゆくには、ある程度の専門的な知識が要る。

しかし科学政策の理解に必要な知識や情報を、たいていの人は、ほぼ持ち合わせていない。

同じことがたとえば経済についても、農業や漁業や林業のあり方をめぐっても、医療や教育についても言えると思う。

と書いてゆくとキリがなくて、「博学でないと社会参画は無理！」なんていう話になってしまうのだけれど、それでも「土地利用」は間違いなくこれから重要な課題領域になるだろう。

人口が減ると同時に、土地や環境を維持していた一次産業従事者の絶対数が不足してゆくし、貨幣経済の影響を強く受けすぎない暮らしを形づくるには（それを求める人が増えていると思うのだけど）、食糧の自給自足に限らず、自分たちを生かしてくれる恵みを、土地や周囲の自然環境から得てゆく力とセンスが要るので。

その参考になる「一般教養としての建築・ランドスケープ」の読本を田瀬さんの言葉を軸にまとめることが出来たら……という野心が一瞬あったのだが、見事に自分の手には余った。

余った自覚はあるものの、もう少しだけ書いてみたい。

政治や経済だけが、人間の環境ではない

「現実を見よ」といった言葉が国政やビジネスの現場で放たれる様子を見かけることがあるが、その人たちは本当に現実を見ているのだろうか。畑に立って「向かいの山の雪解けが今年はいつもより少し遅い」と語っているお婆ちゃんのほうが、むしろ現実がよく見えているんじゃないか。

まえがきに書いた「これからの日本でどう生きてゆこうか?」という問いは、政治や経済の切り口から扱われることが多い。

しかしそれでは、わたしたちの営みの一側面にしか触れることが出来ないように思う。

少し東京の話を。

東京は江戸のまちを引き継いだ都市だ。その江戸は青梅を扇頂とする武蔵野台地の突端に城を構え、東の沖積低地に下町の町人地、西の洪積台地に武家地を配した城下町で、二つの空間は20〜40mの段差で大きく分かれている。

貝塚爽平《かいづかそうへい》は、『東京の自然史』（初版1964年）でその成り立ちを地形学的に繙《ひもと》きながら、地盤の悪い場所、つまり水はけが悪く、湿度が高いため衛生的な環境をつくりにくく水害にも見舞われやすいうえ、地層的に軟弱で建物が倒壊しやすい低湿地に、東京の住宅や工場が過密的に集積していることの危うさをくり返し指摘している。

その危うさは東の下町に限った話ではないようで、山の手側の谷底低地にも存在するし、専門家の間では軟弱地盤で知られ、関東大震災では倒壊率が100％に達した郊外のある地域が、既に住宅などの建築物で埋まっている状況にも危惧を示していた。

そして逆に、江戸時代に人が密集していた町地は概ね地盤のよいところだったことを報告している。

沖積低地
河川流水の堆積作用によって、川筋に出来た低地。

洪積台地
洪積世（更新世。約250万年前から1万年前まで）に形成された平坦面の隆起による、扇状地や三角州などの台地。

『東京の自然史』貝塚爽平、講談社学術文庫、2011年

「古来からの経験は、同じ沖積地でも、砂州とか自然堤防とかいったところを街道や居住の地にえらび、後背湿地や三角州のようなところをさけている。自然堤防や砂州というところは、単に地盤が高く、水害に安全で、衛生的だというだけではない。こういう微高地をつくる砂質あるいは礫質の地盤は泥質あるいは泥炭質の地盤にくらべたら、震災も少ないし、地盤としての支持力もすぐれているのである」

江戸と東京で、なぜこうした判断の違いが生じてしまうのか。

東京の事情としてあるのは、人口の急増、内需の拡大を望んだ国の持ち家政策。

貝塚さんは、地質の研究が進んだことで逆に価値の低い土地が明確になり、他よりも安く買えるようになったために過密性を招いてしまったのではないかとも書いている。

こうした背景と同時に、私たちの「場所の質を感じる能力」が弱っているということはないだろうか？

あるいは感じていても、実感を裏付ける知識が乏しかったり、それを尊重しきれない思考の動き方がありはしないか。

都市は水・食糧・エネルギーといった生命維持のインフラを排出側も含みおおよそ人工的に整えているので、ある程度の経済力があれば、もっぱら働いたり買って暮らしてゆくことに集中出来る。

まちの地面の多くはアスファルトを敷いていて、そこがいったいどんな場所なのか？　という自然性は露呈しにくい。

人を取り囲む情報の多くも編集を経た二次情報で、国際政治についても、天気についても、他人の言葉を通じて「知っている」ような気持ちになってしまいやすい構造がある。

以前、モンゴル高原を馬で移動する旅に参加した。

平原のところどころに遊牧民がゲルの居を構え、馬と羊を飼いながら家族で暮らしていた。土地はどこまでも広く、一見同じような環境が延々とつづいている。

でもゲルを建てるのにふさわしい場所と、そうでない場所は明確にあったはずだ。

彼らが羊を連れて放牧から帰ってくる時間は、太陽が沈む時間だった。このことはとても強く印象に残った。

　地上の生命活動の大半は、植物も昆虫も動物もこの「太陽の時間」に沿《そ》っているが、わたしたちの社会はそれとは別の「時計の時間」で運用されている。そのほうが協調的に社会活動を進めやすいとか、各時代の権力がどうとかまあいろいろあって現在に至るわけだけれど、この二つの時間には季節を通じて多少のズレが生じる。

　たとえば初めての欧米旅行で、夜の9時になってもまだ空が明るいことに驚いているとき、そこにはこの二つの時間のズレがあらわれている。

　サマータイム制を導入している国や地域の人たちは、「時計の時間」が人工物であることをある程度自明的に共有していると思う。が、日本ではこの二つの時間が別種のものであることも、都市環境の人工性/自然性の話と同じく、あまり意識化されていないと思う。意識しなくても大丈夫なように出来ているというか。

　東京は世界的な都市間競争に晒されているので、スペックを整えようとすると、国際空港までの距離、国際会議を誘致出来るホールの質と数、都市の安全性などが強く求められる。24時間の稼働性も。

サマータイム制
夏時間。太陽が出ている時間帯を有効活用するために、通常の時計時刻に1時間を加える制度。30分差で運用している地域もある。

経済的な要請もあって、東京は「時計の時間」に片寄りやすい。西洋的な都市は人間が懸命に造ってきた人工空間で、究極的にはSFで描かれるドームシティを目指す。というか、既にそういう状態にあると思う。それは自然界の非合理性や、人間の思惑と無関係に進む成り行きを好まない。

でも高度に調整された人工的な環境は、個人的な感覚からすると恐い。いざというときに人の力でどうにか出来る余地があまり残されないし、その力も育てないので。

日本はおそらく明治の西洋化の過程で、江戸時代を通じて育まれていた土木や土地利用技術の多くを一度捨てている。

しかし体系は失ったものの、目を凝らせばその遺構は社会の随所にまだ見出せる。それらは自然を制するというより、共生型というか合気道的で、柔らかな技術体系だったように見える。

そうしたことごとは、学者でなくともたぶん知っておいたほうがいい。

たとえば海と山の距離が短く、あっという間に水が海に流れ出てしまうこの地形の中で平野部に水田を広げ、水を陸上に留めながら、川の氾濫の調整をも行ってきた旧来の稲作技術と、その周辺に見られる文化は見事なものだと思う。

先の貝塚さんの本は地形学を学ぶ大学生に向けた入門書なのだが、機内誌の連載として書かれた宮本常一《みやもとつねいち》さんの『空からの民俗学』や、『川は生きている』をはじめ人と社会と自然の関係技術をわかりやすく繙いてくれた富山和子《とみやまかずこ》さんの仕事などが、「一般教養としての建築・ランドスケープ」の読本の一例に当たると思う。

「これからの日本でどう生きてゆこうか？」という問いを、政治や経済だけでなく土地や生き物といった切り口も含んで、より全体性をもって捉えるといい。

で、そうした思考や実践から生まれてくるものは、おのずとその場所ごとの形を伴うだろう。

建築やランドスケープやデザインの仕事を通じて、どこもかしこも同じような風景にしてしまっては本当につまらないと思う。

『空からの民俗学』宮本常一、岩波現代文庫、2001年

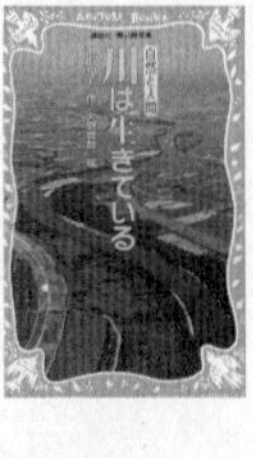

『川は生きている』富山和子、講談社青い鳥文庫、2012年

〝人と社会と自然〟の関係資本

社会関係資本（ソーシャル・キャピタル）の重要性が近年あらためて指摘されているが、その「関係」を人間関係に限りたくないと思う。

たとえば日本は水の豊かな国だ。水源林を持たないシンガポールや乾燥地帯の国々のことを思うと、アジアモンスーン地帯の一角にあり、湿潤で、山地と河川の多いこの国土は本当に恵まれている。

良質な水資源を有しながら、日本ではここ20年ほどの間に浄水器が広く普及した。よく濾過された水に対する基本的な要求というか、解像度の高い人が多いのだろう。

しかし浄水器を付けたところで、川の水がきれいになるわけじゃない。

むしろ私たちの感覚は川に対してより希薄になっていると思う。沢から直接水を引いているような中山間部の家はともかく、自治体の上水供給を受けた都市的な家で暮らしている人は、蛇口から出てくる水が、年月をかけて山林が絞り出しているものだなんてまったく思いもしないだろう。思う以前に、感じようがないはずだ。

社会関係資本
人と人のあいだで培われる信頼関係や人間関係を指す。生活や雇用に対する不安から、社会保障とはまた別のセーフティーネットとしてその重要性が語られることが近年の日本では多い。

「どこまでが自分なのか？」という問いを立ててみると、「この皮膚の表面まで」が自分ではないと思う。

たとえば凧を揚げているとき、自分は上空に送りだしたタコ糸の先まで感覚を拡張している。もし誰かに糸を鋏でパチンと切られたら、その時間、身体の一部が飛び去ってしまうような感覚をおぼえるだろう。

自動車や自転車のハンドルを握っているときも、その気になれば、手や指先はタイヤの先まで延びて地面に触れることが出来る。私たちの感覚はかなり自在に延び縮みするし、開閉の度合いも調整出来る。「自分」の意識も、それに伴って自由に拡張されるし小さくもなる。

先の畑のお婆ちゃんをもう一度引き合いに出すと、彼女の世界は向かい側の山肌まで延びている。テレビや新聞を見ていなくて、世界の出来事も日本の政治の状況も知らないかもしれないが、彼女が生きている世界、というか宇宙は大きい。

以前ある人から、奈良や飛鳥時代の都人に、桜島や伊豆の火山活動の音がきこえていたという話をきいた。古い書物を読み込むとそうした記述が残っているのだという。

この話のポイントは「昔はすごく静かだった」ということではなく、「当時の人々に、遠くの音をきき取ろうとする感覚があった」ところにあると思う。

現代的な生活の中で耳にする音は、どれも近い。音楽も電話も耳の中まで入り込んできたし、テレビやオーディオまでの距離は数メートル。キャンプにでも行けば話は別だけれど、遠くの音に耳を澄ませる機会は、都市生活者の日常にはほぼないだろう。


こうした環境の中で、意図せず「自分」の宇宙というか領域感覚が小さくなっている者同士が集まって、これからの社会のあり方や暮らし方について話し合っても、概念的になりやすい気がするし、小さな空間の充実が散積してゆく事態に留まってしまうんじゃないか。


さらに、この感覚拡張を距離的な横方向だけでなく、縦方向の時間軸にも拡げてくれるものはなんだろう。

それは子どもの存在であり、土地利用のあり方であり、あと樹木だと思う。

たとえば、センターラインのほうが曲がって避けるような形で、道の真ん中に立っている木の姿を見かけることがあるけれど、こうした木には、伐らずに残すことを選んだ人々の意思や、その木と周囲の関係性、ある質を持った時間が凝縮されている。

人間とライフスパンの異なる樹木のような生命は、わたしたちが個体では越えることのない長さの時間をわたってゆく。1本の木を植える行為は、その場所の未来に対する参画でもある。

まえがきで「二代三代あとの人々に繋がるものに」と書いたが、あまり先の「いつか」のことばかり考えてしまうのはどうかなと思う。将来の人にとって、本当になにが必要になるのかはわからないし。どう考えてもお荷物になるゴミのようなものを残さないほうがいいのはいうまでもないとして、でもたとえば、いまわたしたちを悩ませている日本中の杉の植林にしても、植えられた当時には次世代の暮らしのために……という願いもあったことだろう。それにいま山にある大量の杉の在庫が、ひょんな形で幸いするときが来るのかもしれない。それはわからない。友人の家の柿の木にしても、おじいさんは植えたくて植えただけのことなのかもしれないし。

次世代の幸せを考えすぎるのはおこがましいことなんじゃないかと思う。思い遣ってくれるのはありがたいけれど、幸せの形を決められてしまうのは自分なら嫌だ。

それでも、まだこの世に来ていないその人たちと一緒に生きているような感覚で、これからの営みを考えてゆくのは楽しい。

自分のサイズが少し大きくなる感じがする。

その人たちに、人間関係に限られない関係資本を残してゆくことが出来れば。

地上をゆく船

161〜176頁の写真は、津田直さんによる。

彼の写真における風景の結像はとても印象的だ。「この人はいったいなにを見ているんだろう?」とずっと思っていた。写真には、その人に見えているものが写る。

作品集をつくる気がなかった話は先に書いた通りだが、津田さんならいわゆる竣工写真的なそれとはまったく違う空気を通して田瀬さんの世界を見せてくれるんじゃないかと思い、本づくりを始めることになったとき真っ先に声をかけた。

津田さんの撮影行はアシスタントの東さおりさんと一緒だ。先日出かけたという、ある自主的なフィールドワークの様子をきかせてもらったところ、彼らは撮影地となる土地を知るために、まずその地域の大学の考古学者の研究室を訪ねていた。

そこで古い地図を見せてもらい、いまは使われなくなってしまった道や、古代の人々が遺した痕跡を書き足して、そこを自分たちの足で探すように歩いていったという。

「路」と書くほうが正確か。人が歩くことで固められた古い路。中には3000年くらい前から使われていたと思われる路もあって、辿ってゆくとその先に、いまの地図からは消えている村や遺構が姿をあらわす。

そこには屋根のない家がある。

屋根の朽ちた石造りの壁の中に入ると、空が見える。

そのとき、ただ空の下にいるだけでは思い出せないような感覚が生じて、何千年も前にその家を使い、横になったり、煮炊きをしていた

津田 直（つだ・なお）
1976年神戸生まれ。2001年よりランドスケープの写真を撮りつづけている。新たな風景表現の潮流を切り開く新進の写真家として注目されている。2010年、芸術選奨文部科学大臣新人賞（美術部門）受賞。作品集に『漕』（主水書房、2007）、『SMOKE LINE』（赤々舎、2008）、『Storm Last Night』（赤々舎、2010）などがある。

住まい手が「いた」ことをリアルに感じるのだという。「寝所に使われていたと思われる一角に、身体を縮めて横になってみたりもした」と話していた。

このフィールドワークの最中、1枚も写真を撮らない日もあったとか。彼らは、なにをしに世界の果てへ出かけているのだろう。

屋根のない家で、最後の住人が去って長い年月が過ぎた場所の只中で、過去の人々の存在を感じながら、津田さんは「人が暮らすってなんだろうか、ということを思うんです」と言う。

そこにいる自分が、何千年と遡る過去とこの先につづく未来のちょうど狭間に立っていることを感じながら、これからのことを考えられる気がするのだときかせてくれた。

過去と、いまと、未来を、その場所の光を集めてつないでみる作業を彼は写真で行っているように思う。

同じようなことを、ランドスケープ・デザイナーはまた別の素材や手法を通じて行う。市井の人々も、日々の営みを通じてそれを行って

いる。

先日宮田さんに、この本を読んで「お金があるから出来たんでしょ」とか、「バブル期に稼いだおじさんたちの話だよね」と線引きしてしまう人がいたらつまらないと呟いたところ、夜にメールで「でもあの人たちはもし100万円しかなければ、100万円の使い方をしたんじゃないでしょうか」という返しが届いた。

つづけて、こんな言葉もあった。

「「おじさんたち」（田瀬さんたちのこと）に、この社会の経済と呼ぶのか資本主義というのか、金融やら、土地所有制度やら、効率主義やらに異議申し立てをする強い気持ちがあるのは確かです。

でも「ここがおかしい」「けしからん」と声高に主張するのではなく、とても小さな、でも一生懸命に磨いてぴかぴか光るものを「ほら。きれいでしょ」と言って差し出してみせている。そんな気がします」

問題や課題を指摘したり、分析して、なにかの必要性を説く人はたくさんいるけれど、実際にやる人はさほど多くない。

いや、やる人「たち」は、か。

田瀬さんの話を中心に書いてきたが、クイーンズメドゥ・カントリーハウスは彼だけによる仕事ではない。アネックスの今井さんをはじめ、農業生産法人ノースを営む仲間がいるし、5×緑の女性たちもいる。

まだお会いしていないが、この本を書きながら、愛植物設計事務所の山本紀久《やまもとのりひさ》さんや日本設計の浅石優《あさいしまさる》さんなど、これまで田瀬さんと多くの時間をともにしてきた方々の存在も感じていたことは記しておきたい。

2012年の初夏に遠野を訪れると、2頭の雄馬を放っている林の一角に、白いテントを張った船のような餌場がつくられていた。

田瀬さんの大学時代のヨット部の後輩が江ノ島でマリンスポーツの店を営んでいる。その人の実家は仙台の南にあって、震災の津波で大きく被災し、ご親族のほぼ全員を亡くしてしまったという。

白い帆はその彼に無理やり声をかけてつくってもらったとか。

遠野は内陸部にあるけれど、海との関係をつくりたい気持ちもあってこういう形になったんですときかせてくれた。

マストのような支柱に二つの旗が付いている。

船舶用の国際信号旗で、片方は「この船には水先人が乗船中」、もう片方は「本船は貴船との通信を求める」という意味。

その航海のパートナーが草木や馬であるというのは、なんだか楽しい。

秋の終わり頃、田瀬さんと並んで木立を眺めていたら、こんな話をきかせてくれた。

「このあたりには雪はあまり積もらないけれど、かなり寒くなります。でもそういう時期に、馬の背に乗って林の中をゆくのはいいんだ。僕らは鞍を付けずに乗るのだけど、裸馬の背中はそのまま分厚い毛布のようでね。温かい。馬は体温が高いんです」

めいめいの旅の中に、温かさがあるといいと思います。

2013年6月27日

水先人
一定の水先区で、航海する船舶を安全に導く業務を行う者。

参考文献等

『生きている水路——その造形と魅力』渡部一二　東海大学出版会

『移行期的混乱——経済成長神話の終わり』平川克美　ちくま文庫

『稲作以前』佐々木高明　NHKブックス

『川は生きている』富山和子　大庭賢哉・絵　講談社青い鳥文庫

『建築家なしの建築』B・ルドフスキー／渡辺武信訳　SD選書　鹿島出版会

『サンフランシスコ市の環境保全と中間支援NPOの取組み』
里山タスクグループ編　NPO birth

『森林飽和——国土の変貌を考える』太田猛彦　NHKブックス

『空からの民俗学』宮本常一　岩波現代文庫

『東京の自然史』貝塚爽平　講談社学術文庫

『東京の緑をつくった偉人たち——明治草創期から昭和東京緑地計画まで』
『東京の緑をつくった偉人たち——戦中戦後の激動から環境先進都市東京へ』
公益財団法人東京都公園協会

『土地と日本人　対談集』司馬遼太郎　中公文庫

『土木造形家(エンジニア・アーキテクト)百年の仕事——近代土木遺産を訪ねて』
篠原修著／三沢博昭写真　新潮社

『200万都市が有機野菜で自給できるわけ——都市農業大国キューバ・リポート』
吉田太郎　築地書館

『日本人と不動産——なぜ土地に執着するのか』吉村愼治　平凡社新書

『日本の食と農　危機の本質』神門善久　NTT出版

『人間は何を食べてきたか』(DVD)
ジブリ学術ライブラリー　ブエナビスタホームエンターテインメント

『パーマカルチャー——農的暮らしの永久デザイン』
ビル・モリソン＋レニー・ミア・スレイ／田口恒夫＋小祝慶子訳　農山漁村文化協会

『ミカドの肖像』猪瀬直樹　小学館文庫

謝辞

本づくりのきっかけをくれた山口翠さん。そしてその制作過程に伴走してくれた宮田生美さんと、5×緑の方々。時間を割いて応じてくださった田瀬理夫さん。そしてクイーンズメドゥ・カントリーハウスおよびノースのみなさんに心から感謝します。

加えて写真家の津田直さんとアシスタントの東さおりさん。デザイナーの千原航さん。筑摩書房編集部の喜入冬子さん。長丁場の制作をともにしてくださって、ありがとう。

写真の掲載使用を快諾してくれた和久光代さん。公開レクチャーや遠野のセミナーに参加して、田瀬さんの話を一緒にきいてくれたみなさん。執筆を見守りながら草稿に目を通してくれた妻のたりほ。友人の石川初や、竹村真一さんらを通じて学んでいたことの多さにも、あらためて気がつきました。

ありがとうございます。

解説

寺尾紗穂

昨秋モンゴルで馬に乗った。乗馬は初めてだったけれど、最終的に数時間、群れで森まで走り、そこにゲルを立てて一泊、翌日帰ってきた。小学生の娘たち三人も無事に一人一頭を乗りこなした。

帰ってくるとタイミングよく、「馬ありて」というドキュメンタリー映画のコメントを頼まれて作品を見た。東北の馬と人が描かれていた。馬が仕事仲間である最後の風景をカメラは捕え、それが失われていくところまでも記録していた。印象に残ったのは、馬と共に生きる生活様式がほとんど失われてしまった現在、馬には食用となるか競走馬になるかの二つの道しか残されていないという事実だった。とびぬけた一部の駿馬以外は屠られていくことが常態化している現代はあんまりではないか、と思っていたところ、これまたタイミングよく、表紙に馬の写るこの本の解説を依頼された。

本書によれば、馬は移動をはじめとした人間の活動を助けてくれる存在であり、質の良い堆肥源であり、ワラビ採りでも重宝されるのだという（加えてモンゴルでは、馬糞は燃料でもあった。草原のハーブを食べる彼らの糞は全く臭くない）。しかし、本書の主人公田瀬さんの言葉によると、人間にとっての利点はそう単純なものばかりでもなさそうだ。彼らが築いたクイーンズメドゥでの活動がなぜ失速せずに続いているのか、ということについて、例えばこんなふうに語られている。

「この場所を人間だけでなく「馬」とともに営んできたことも大きいのかも。人の思惑や事情とは無関係に生きている生き物がいて、日々待ったなしの事態を引き起こしてきたことが」

著者の西村はこれを「個人の事情に拘泥せずに済むリズムや軸がある」こと、と噛み砕いているが、言われてみれば現代人の生活はプライベートにおいて、個人の事情や判断が優先され、それこそが自由と思われている。一方仕事においては会社や所属団体の判断が優先され、その不自由さこそが仕事の性格の一つ、ともいえるかもしれない。だからこそ、ペットを飼いたいけど、旅行にいくのが大変になるし、と躊躇する人もでてくるわけで、これは自分の思うようにいかなくなる不自由がプライベートに及ぶことを恐れるわけである。このとき人の頭にはリスク計算がなされている。けれど田瀬さんのような生活を選び、そこに相棒とも同僚ともつかない大きな馬たちが存在するということは、自然と子供を育てるような責任が伴っている。人間の子育てとどちらが大変かわからないが、ふりかえれば私もなりふりかまわず三人の子供を育ててきた。「年子育児は大変だったでしょう」などと言われるが、比較するすべがないのでわからない。経験したことがすべてであり、ただただこの子たちと生きてきた。考えてみれば、そのことのなんというシンプルさだろう。おそらく、田瀬さんの目指す生活も、森と川と馬と「ただ生きる」、そんな言葉に尽きるのかもしれないと思う。

理想の生活の場を維持させ、希望者や周囲を巻き込んでいくことをゆったりと目指しながら、田瀬さんの視点ははっきりと現在の社会のいびつさを捉えてもいる。たとえば、馬と共に生きてきた土地である遠野でさえ、現在の行政に食用馬への助成はあっても、農業馬については分類自体がなくなっており、馬市場全体が下がってしまっているという。若い希望者を迎えたくても、学生ローンの返済のために数年の農業修行の無収入にも耐えられない者が多いという話も考えさせられる。国の危機として人口減少を憂う声は大きい。地方衰退も懸念されている。それなのに田舎暮らしを志向する若者がいても、町でサラリーマンになることを前提としたローンに縛りつけられているとはなんという皮肉だろう。おかしな現状にたいして、けれど田瀬さんはあせらない。人を納得させる前例を作りだすことに注力する。

「20年、50年後の国際ツーリズムを目指すくらいの生業をイメージして、暮らしを取り戻してゆけるといい。人の数が少なくなったって、いい生業をやりながら豊かに暮らしてゆけばいいんですよ」

50年後の土地への定着と発展を目指して生きる。ここに表れてくる人生観の長さこそ、現代人が失ってしまったものかもしれない。50年後自分の孫世代が、安心して暮らせるように、自分が今できることをするという姿勢。限られた人生の時間の中で、どれだけ環境や周囲に働きかけ、住みよい場所作りにコミットできるのか、ということ。自分の人生は自分のものでありながら、自分だけでぷつりと終わるものではないということ。おそらく企業も政治も、何かの決定に際し「未来世代への責任」という一項目を加えたら、世の中はずっとまともになるだろうが、そうしていては今のように大儲けをしたり甘い汁を吸ったりはできない。だから大きなものの変革は牛の歩みであろう。西村は国と個人の関係について次のように書く。

それは私たちの人生に強く影響するけれど、国と個々人のありようを重ね過ぎる必要はないと思う。会社とそこで働く個人について、同じことが言えるように。

この知性こそが、個人の心の平安と平和とをもたらすのだろう。コロナ騒動の中であえて「武漢ウイルス」とウイルスに他国の都市名をつけるという国際的にも禁じられた発言をする政治家の厚顔をみながら、人間が淡々と生きることの尊さについて、切に思う。

巻末の詳細な注も本書の読みどころのひとつだ。第2章の「東京」の中では主に都市の景観の問題があつかわれているが、注の「イーズメント」の項目で触れられているサンフランシスコのばらばらの街路樹や、人の敷地が歩道になっているという話がとりわけ興味深い。日本では、公道はアスファルトとコンクリートの側構で覆われている。アスファルトは公の象徴であり、ここに庭の木の枯葉が落ちたら、公共の迷惑にならないように日々せっせと清掃しなければならない。そんな重圧に耐えかねて持ち主が木を切ってしまうケースも多い。家の近所では、栗林になっている生産緑地地区沿いに植えられていた紅葉の並木がそうした理由ですべて切られてしまった。駅まで続く10分ほどのその道は通学路でもあるのだが、かんかん照りになり環境としてはあきらかに悪化した。サンフランシスコのように、通行人が人々の庭先でもある道を通らせてもらうのだとしたら、もっと道は自由に、個性的に、おおらかになるのではないだろうか。下町の家の前に発泡スチロールで見事なガーデンが作られているのに「個々の楽しみと公の間を繋ぐ、知的なノウハウが出回っていない」というのが田瀬さんの視点だ。「ランドスケープ・デザインは、境界線を消すというか、解き放つというか、そんな仕事」という言葉は、景観学や設計にとりわけ思い入れのない者の胸にも響くものがある。境界をなくす、とは植物の配置や建物の色形だけの問題をいうのではない。出身高校のグラウンドに柵が作られ土質まで変えられたところに、オオバコの種をまき続けたという田瀬さんのエピソードは、オオバコの緑とともに生き物の居場所ができ、子供たちもいつのまにかオオバコをひっぱりあって遊んでいる、そんな風景を想像させてくれる。

区切り、峻別し、画一性に向かおうとする公の力から、私たち自身がもう少し自由にふるまい、公私のあわいに自己を表現していけるのなら、そこはきっと素敵な風が吹く場所になっていくのだろう。

写真

津田直 | p.013, p.028, p.131, p.197, p.260, p.262, p.264

名取和久（名取和久写真事務所） | p.014

森田秀之 | p.016

和久光代 | p.026, p.027, p.036, pp.042-043, p.053（上）, p.057（下）, p.068（下）

Nigel Monckton | p.211

その他の写真はとくに記述がないかぎり、

田瀬理夫、クイーンズメドゥ・カントリーハウス、ノース、および西村佳哲による。

本書は、２０１３年9月、筑摩書房より刊行された。

仕事力　齋藤孝
「仕事力」をつけて自由になろう！　課題を小さく明確なことに落とし込み、2週間で集中して取り組めば、必ずできる人になる。（海老原嗣生）

前向き力　齋藤孝
「がんばっているのに、うまくいかない」あなた。ちょっと力を抜いて、くよくよ、ごちゃごちゃから抜け出すとすっきりうまくいきます。（名越康文）

不合理な地球人　ハワード・S・ダンフォード
なぜ私たちはわざわざ損をする行動をしてしまうのか。その判断に至る心の仕組みを解き明かす。宇宙一わかりやすい行動経済学入門。

味方をふやす技術　藤原和博
他人とのつながりがなければ、生きてゆけない。でも味方をふやすためには、嫌われる覚悟も必要だ。ほんとうに豊かな人間関係を築くために！

人生の教科書［おかねとしあわせ］　藤原和博
「人との絆を深める使い方だけが、幸せを導く」――こう断言する著者が実践してきた幸せになるお金の使い方、18の法則とは？（木暮太一）

仕事に生かす地頭力　細谷功
仕事とは何なのか？　本当に考えるとはどういうことか？　ストーリー仕立てで地頭力の本質を学び、問題解決能力が自然に育つ本。（海老原嗣生）

あなたの話はなぜ「通じない」のか　山田ズーニー
進研ゼミの小論文メソッドを開発し、考える力、書く力の育成に尽力してきた著者が「話が通じるための技術」を基礎のキソから懇切丁寧に伝授！

半年で職場の星になる！働くためのコミュニケーション力　山田ズーニー
職場での人付合いや効果的な「自己紹介」の仕方など最初の一歩から、企画書、メールの書き方など実践的技術まで。会社で役立つチカラが身につく本。

スタバではグランデを買え！　吉本佳生
身近な生活で接するものやサービスの価格を、やさしい経済学で読み解く。「取引コスト」という概念で学ぶ、消費者のための経済学入門。（西村喜良）

クルマは家電量販店で買え！　吉本佳生
『スタバではグランデを買え！』続編。やさしい経済学で、価格のカラクリがわかる。ゲーム理論や政治・社会面の要因も踏まえた応用編。（土井英司）

横井軍平ゲーム館　横井軍平　牧野武文
数々のヒット商品を生み出した任天堂の天才開発者・横井軍平。知られざる開発秘話とクリエイター哲学を語った貴重なインタビュー。（ブルボン小林）

ハーメルンの笛吹き男　阿部謹也
「笛吹き男」伝説の裏に隠された謎はなにか？　十三世紀ヨーロッパの小さな村で起きた事件を手がかりに中世における「差別」を解明。（石牟礼道子）

自分のなかに歴史をよむ　阿部謹也
キリスト教に彩られたヨーロッパ中世社会の研究で知られる著者が、その学問的来歴をたどり直すことを通して描く〈歴史学入門〉。（山内進）

逃走論　浅田彰
パラノ人間からスキゾ人間へ、住む文明から逃げる文明への大転換の中で、軽やかに〈知〉と戯れるためのマニュアル。

純文学の素　赤瀬川原平
まわりにあるありふれた物体、出来事をじっくり眺めると不思議な迷路に入り込む。「超芸術トマソン」前史ともいうべき「体験」記。（久住昌之）

パラノイア創造史　荒俣宏
悪魔の肖像を描いた画家、地球を割ろうとした男、新文字を発明した人々など、狂気と創造のはざまを生きた偉大なる〈幻視者〉たちの魅惑の文化史。

ナショナリズム　浅羽通明
新近代国家日本は、いつ何のために、創られたのか。日本ナショナリズムの起源と諸相を十冊のテキストを手がかりとして網羅する。（斎藤哲也）

幕末単身赴任　下級武士の食日記　増補版　青木直己
きな臭い世情なんてなんのその、単身赴任でやってきた勤番侍が幕末江戸の〈食〉を大満喫！　残された日記から当時の江戸のグルメと観光を紙上再現。

もうひとつの天皇家　伏見宮　浅見雅男
戦後に皇籍を離脱した11の宮家。その源流となった「伏見宮家」とは一体どのような存在だったのか？　天皇・皇室研究には必携の一冊。

新版　ダメな議論　飯田泰之
単純なスローガン、偉そうな引用……そんな「厚化粧」した議論の怪しさを見抜く方法を豊富な実例とチェックポイントを駆使してわかりやすく伝授。

辺界の輝き　五木寛之　沖浦和光

サンカ、家船、遊芸民、香具師など、差別されながら漂泊に生きた人々が残したものとは？　白熱する対論の中から、日本文化の深層が見えてくる。

仏教のこころ　五木寛之

人々が仏教に求めているものとは何か、仏教はそれにどう答えてくれるのか。著者の考えをまとめた文章に、河合隼雄、玄侑宗久との対談を加えた一冊。

自力と他力　五木寛之

俗にいう「他力本願」とは正反対の思想が、真の「他力」である。真の絶望を自覚した時に、人はこの感覚に出会うのだ。

サンカの民と被差別の世界　五木寛之

歴史の基層に埋もれた、忘れられた日本を掘り起こす。漂泊に生きた海の民・山の民。身分制で賤民とされた人々。彼らが現在に問いかけるものとは。

隠れ念仏と隠し念仏　五木寛之

九州には、弾圧に耐えて守り抜かれた「隠れ念仏」があり、東北には、秘密結社のような信仰「隠し念仏」がある。知られざる日本人の信仰を探る。

宗教都市と前衛都市　五木寛之

商都大阪の底に潜む強い信仰心。国際色豊かなエネルギーが流れ込み続ける京都。現代にも息づく西の都の歴史。「隠された日本」シリーズ第三弾。

わが引揚港からニライカナイへ　五木寛之

玄洋社、そして引揚者の悲惨な歴史とは？　アジアとの往還の地・博多と、日本の原郷・沖縄。二つの土地を訪ね、作家自身の戦争体験を歴史に刻み込む。

日本幻論　漂泊者のこころ　五木寛之

幻の隠岐共和国、柳田國男と南方熊楠、人間としての蓮如像等々、非・常民文化の水脈を探り、五木文学の原点を語った衝撃の幻論集。（中沢新一）

建築の大転換　増補版　伊東豊雄　中沢新一

いま建築に何ができるか。震災復興、地方再生、エネルギー改革などの大問題を、第一人者たちが説き尽くす。新国立競技場への提言を増補した決定版！

その後の慶喜　家近良樹

幕府瓦解から大正まで、若くして歴史の表舞台から姿を消した最後の将軍の〝長い余生〟を近しい人間の記録を元に明らかにする。（門井慶喜）

「月給100円サラリーマン」の時代　岩瀬彰

物価・学歴・女性の立場――。豊富な資料と具体的なイメージを通して戦前日本の「普通の人」の生活感覚を明らかにする。（パオロ・マッツァリーノ）

漢字とアジア　石川九楊

中国で生まれた漢字が、日本（平仮名）、朝鮮（ハングル）、越南（チューノム）を形づくった。鬼才の書家が巨視的な視点から語る二千年の歴史。

9条どうでしょう　内田樹／小田嶋隆／平川克美／町山智浩

「改憲論議」の閉塞状態を打ち破るには、「虎の尾を踏むのを恐れない」言葉の力が必要である。四人の書き手によるユニークな洞察が満載の憲法論！

武道的思考　内田樹

「いのちがけ」の事態を想定し、心身の感知能力を高める技法である武道には叡智が満ちている！　気持ちがシャキッとなる達見の武道論。（安田登）

隣のアボリジニ　上橋菜穂子

大自然の中で生きるイメージとは裏腹に、町で暮らすアボリジニもたくさんいる。そんな「隣人」アボリジニの素顔をいきいきと描く。（池上彰）

弾左衛門と江戸の被差別民　浦本誉至史

浅草弾左衛門を頂点とした、花の大江戸の被差別民の世界に迫る。ごみ処理、野宿者の受け入れなど現代にも通じる都市問題が浮かび上がる。（外村大）

熊を殺すと雨が降る　遠藤ケイ

山で生きるには、自然についての知識を磨き、己れの技量を謙虚に見極めねばならない。山村に暮らす人びとの生業、猟法、川漁を克明に描く。

鉄に聴け　鍛冶屋列伝　遠藤ケイ

鍛冶がつくる鉄の道具は、人間に様々な営みを可能にする。包丁、鉈、刀。用途にあった刃物をつくる鍛冶屋を訪れ、技能の深奥と職人の執念に迫るルポ。

世界史の誕生　岡田英弘

世界史はモンゴル帝国と共に始まった。東洋史と西洋史の垣根を超えた世界史を可能にした、中央ユーラシアの草原の民の活動。

日本史の誕生　岡田英弘

「倭国」から「日本国」へ。そこには中国大陸の大きな政治のうねりがあった。日本国の成立過程を東洋史の視点から捉え直す刺激的論考。

倭国の時代　岡田英弘

世界史的視点から「魏志倭人伝」や「日本書紀」の成立事情を解明し、卑弥呼の出現、倭国王家の成立、日本国誕生の謎に迫る意欲作。

よいこの君主論　架神恭介／辰巳一世

戦略論の古典的名著、マキャベリの『君主論』が、小学校のクラス制覇を題材に楽しく学べます。学校、職場、国家の覇権争いに最適のマニュアル。

仁義なきキリスト教史　架神恭介

イエスの活動、パウロの伝道から、叙任権闘争、十字軍、宗教改革まで——。キリスト教二千年の歴史が果てなきやくざ抗争史として蘇る！（石川明人）

きよのさんと歩く大江戸道中記　金森敦子

江戸時代、鶴岡の裕福な商家の内儀・三井清野のゴージャスでスリリングな大観光旅行。総距離約2420キロ、旅程108日を追体験。（石川英輔）

座右の古典　鎌田浩毅

読むほどに教養が身につく！　古今東西の必読古典50冊を厳選し項目別に分かりやすく解説。京大人気教授が伝授する、忙しい現代人のための古典案内。

「幕末」に殺された女たち　菊地明

黒船来航で幕を開けた激動の時代に、心ならずも命を落としていった22人の女性たちを通して描く、もうひとつの幕末維新史。文庫オリジナル。

哀しいドイツ歴史物語　菊池良生

どこで歯車が狂ったのか。何が運命の分かれ道だったのか。歴史の波に翻弄され、虫けらのごとく捨てられていった九人の男たちの物語。（鎌田實）

闇屋になりそこねた哲学者　木田元

原爆投下を目撃した海軍兵学校帰りの少年は、ハイデガーとの出会いによって哲学を志す。自伝の形を借りたユニークな哲学入門。（与那原恵）

名画の言い分　木村泰司

「西洋絵画は感性で見るものではなく読むものだ」。斬新で具体的なメッセージを豊富な図版とともにわかりやすく解説した西洋美術史入門。（鴻巣友季子）

現代人の論語　呉智英

革命軍に参加⁉　王妃と不倫⁉　孔子とはいったい何者なのか？　論語を読み抜くことで浮かび上がる孔子の実像。現代人のための論語入門・決定版！

木の教え　塩野米松

かつて日本人は木と共に生き、木に学んだ教訓を受け継いできた。効率主義に囚われた現代にこそ生かしたい「木の教え」を紹介。（丹羽宇一郎）

手業に学べ　心　塩野米松

失われゆく手仕事の思想を体現する、伝統職人の聞き書き。「心」は斑鳩の里の宮大工、秋田のアケビ蔓細工師など17の職人が登場、仕事を語る。

手業に学べ　技　塩野米松

伝統職人たちの言葉を刻みつけた、渾身の聞き書き。「技」は岡山の船大工、福島の野鍛冶、東京の檜皮葺き職人など13の職人が自らの仕事を語る。

星の王子さま、禅を語る　重松宗育

『星の王子さま』には、禅の本質が描かれている。住職でアメリカ文学者でもある著者が、難解な禅の哲学を指南するユニークな入門書。（西村惠信）

被差別部落の伝承と生活　柴田道子

半世紀前に五十余の被差別部落、百人を超える人々から行った聞き書き集。暮らしや民俗、差別との闘い。語りに込められた人々の思いとは。（横田雄一）

江戸へようこそ　杉浦日向子

江戸人と遊ぼう！　北斎も、源内もみ〜んな江戸のワタシラだ。江戸人に共鳴する現代の浮世絵師が、イキイキ語る江戸の楽しみ方。（泉麻人）

大江戸観光　杉浦日向子

はとバスにでも乗った気分で江戸旅行に出かけてみましょう。歌舞伎、浮世絵、狐狸妖怪、かげま……。名ガイドがご案内します。（井上章一）

ぼくが真実を口にすると　吉本隆明88語　勢古浩爾

吉本隆明の著作や発言の中から、とくに心に突き刺さったフレーズ、人生の指針となった言葉を選び出し、それを手掛かりに彼の思想を探っていく。

ことばが劈《ひら》かれるとき　竹内敏晴

ことばとこえとからだと、それは自分と世界との境界線だ。幼時に耳を病んだ著者が、いかにことばを回復し、自分をとり戻したか。

「自分」を生きるための思想入門　竹田青嗣

なぜ「私」は生きづらいのか。「他人」や「社会」をどう考えたらいいのか。誰もがぶつかる問題を平易な言葉で哲学し、よく生きるための〝技術〟を説く。

ちくま文庫

ひとの居場所《いばしょ》をつくる
――ランドスケープ・デザイナー 田瀬《たせ》理夫《みちお》さんの話《はなし》をつうじて

二〇二〇年五月十日 第一刷発行

著　者　西村佳哲（にしむら・よしあき）
発行者　喜入冬子
発行所　株式会社　筑摩書房
東京都台東区蔵前二―五―三　〒一一一―八七五五
電話番号　〇三―五六八七―二六〇一（代表）

装幀者　安野光雅
印刷所　凸版印刷株式会社
製本所　凸版印刷株式会社

ISBN978-4-480-43663-4　C0195